作者

李德才，清华大学长聘教授，长期致力于密封基础零部件的研发，是我国磁性液体密封领域著名专家。主持创建了极端工况下磁性液体零泄漏密封技术体系。在多学科与机械学交叉的基础上，发明了耐宽温域高性能磁性密封技术、耐酸碱长寿命磁性液体动密封技术、耐强核辐射高可靠磁性液体动静密封技术，实现了耐强核辐射零泄漏磁性液体密封的突破。取得的原创性技术成果广泛应用于国内外 300 多家单位。

获国家技术发明二等奖 2 项（均排第一），省部级科学技术一等奖 6 项（5 项发明奖排第一，1 项进步奖排第二）。获发明专利：中国 318 项、美国 21 项、日本 7 项，实施 80 余项。获何梁何利基金科学与技术进步奖，日内瓦国际发明展金奖 2 项、评审团特别嘉许金奖 1 项（金奖前 3%~5%），纽伦堡国际发明展金奖 2 项（均排第一）。独立出版专著 3 部，发表工程索引（EI）论文 258 篇、科学引文索引（WOS）论文 299 篇、基本科学指标数据库（ESI）高被引论文 5 篇，获软件著作权 24 项。

李德才 30 余年拼搏在教学科研一线，主编的教材《机械设计基础》被 30 多所高校采用，获全国模范教师、宝钢优秀教师特等奖、当代发明家等称号。

磁性液体

神奇而有趣的材料

李德才◎著

清华大学出版社
北京

内容简介

磁性液体是一种既能像液体一样流动，又能像固体磁性材料一样被磁场吸引的胶体溶液。它具有多种独特的性质，例如对磁场的响应特性、热学特性、声学特性以及光学特性等，因而在核能、航空、航天、医学、艺术领域都有着独特的应用。

本书适合物理、力学、材料、流体机械等专业相关领域大学生阅读学习。对磁性液体感兴趣的科研工作者、普通大众，以及中学生均可阅读此书。

图书在版编目（CIP）数据

磁性液体：神奇而有趣的材料 / 李德才著.— 北京：清华大学出版社，2023.6
ISBN 978-7-302-63884-1

Ⅰ.①磁… Ⅱ.①李… Ⅲ.①磁流体 Ⅳ.①TM271

中国国家版本馆CIP数据核字（2023）第113415号

责任编辑：肖　路
封面设计：施　军
责任校对：王淑云
责任印制：杨　艳

出版发行：清华大学出版社
　　　　　网　　址：http://www.tup.com.cn, http://www.wqbook.com
　　　　　地　　址：北京清华大学学研大厦A座　邮　　编：100084
　　　　　社 总 机：010-83470000　　　　　邮　　购：010-62786544
　　　　　投稿与读者服务：010-62776969, c-service@tup.tsinghua.edu.cn
　　　　　质量反馈：010-62772015, zhiliang@tup.tsinghua.edu.cn
印 装 者：小森印刷（北京）有限公司
经　　销：全国新华书店
开　　本：145mm×210mm　　印　　张：4.625　　字　　数：70千字
版　　次：2023年8月第1版　　　　　印　　次：2023年8月第1次印刷
定　　价：98.00元

产品编号：096336-01

序言一

　　磁性液体是一种既能像液体一样流动又能像固体磁性材料一样被磁场吸引的胶体溶液。将直径为 10 纳米左右的固体磁性颗粒通过一定的技术手段使其均匀地分布于水、煤油等液体当中，就形成了磁性液体。磁性液体具有多种独特的性质，例如对磁场的响应特性、热学特性、声学特性以及光学特性等，因而在核能、航空、航天、医学、艺术领域都有独特的应用。

　　清华大学李德才教授是我国磁性液体及其应用研究的领军人物，在该领域取得了显著成就，先后获国家技术发明二等奖 2 项、省部级科技一等奖 6 项，以及其他多项重要奖项。在新型磁性液体制备方面，李教授发明了多种高性能的氟醚化合物基磁性液体，突破了磁性液体不耐酸碱腐蚀、不耐核辐射等技术壁垒，大大拓宽了这项技术的应用领域。在密封结构方面，他首次提出机电磁液一体化的新思路，开创性地发明了强自修复阶梯式磁性液体密封、大径向跳动磁性液体动密封、分瓣式磁性液体密封等结构，以及磁性液体和磁粉相互转化新原理的高低温密封技术、无齿新原理的动密封技术。这些成果都达到了国际领先水平，为我国磁性液体密封技术抢占世界技术的制高点做出了突出贡献。在基础理论方面，作者深入系统地研究了磁性液体流变学特性，取得了丰富的成果，其中有关磁性液体密封磁路设计的方法，在高端装备密封、航天减振器、航天电机、磁浮轴承、精密传感器、磁粉离合器、扬声器等的设计中也具有重要的参考价值，被业界同行使用。

本书是作者 30 余年研究成果的总结，图文并茂、言简意赅、引人入胜，是不可多得的优秀科普著作。同时，对磁性液体专业技术人员、研究工作者等都有重要的借鉴意义。

中国科学院院士

2023 年 6 月于北京

序言二

磁性液体既有液体的流动性又有固体的磁性，具有非常高的学术价值和广阔的应用前景。其中，最重要的应用之一就是磁性液体密封。这项技术具有零泄漏、寿命长、无污染等优点，因此在许多场合中具有不可替代的作用。除此之外，磁性液体在传感、润滑、减振、减阻等领域同样也有着广阔的应用前景。

本书作者李德才教授于 1989 年开始从事磁性液体的理论应用研究，在该领域取得了一系列的创新性成果，获得了国内外同行专家学者的广泛关注和认可。在应用研究方面，作者瞄准我国核能、航空、航天、军工和大科学研究等领域高端装备研制的迫切需求，在磁性液体动密封、磁敏智能材料减振、磁性液体传感器等方面均有建树，为国家解决了一系列关键技术难题。尤其在密封方面，作者制备了耐酸碱、耐腐蚀、耐强辐射的磁性液体，发明了磁性液体和磁粉相互转化新原理的高低温密封技术、无齿新原理的动密封技术，以及强自修复新原理的动静密封技术，这些成果都达到了国际领先水平。在教研科普方面，作者每年都给清华大学博士后、硕士生开设"纳米磁性流体密封的理论及应用"课程；在国内外重要会议多次做大会报告，深入中小学做科普演讲达几十次，激发学生们对科学与创新的兴趣与热情。作者为国内十几个科技馆设计制作了磁性液体性能展示仪器，对引导广大青少年树立科学思想、科学方法，增强创新和实践能力具有十分重要的贡献。

本书高度概括了作者涉及的研究领域，内容严谨，趣味性、科学性强，将理论和应用紧密结合，使读者在阅读过程中充分了解磁性液体的不同特性及应用。

本书凝结了作者 30 余年在科研领域辛勤耕耘的成果，同为科研工作者的我，深知科研工作并非一朝一夕之事。作者能在磁性液体领域取得如此成就，付出的艰辛可想而知。也正是由于有众多科研人员长期以来的默默付出，国家的科研事业才能不断攻克一道道难关。

值此书出版之际，我在此表示最热烈的祝贺，很高兴将它推荐给我国从事磁性液体相关研究的大学生、研究生、教师及其他科技工作者。

中国科学院院士

2023 年 6 月于南京

前言

　　磁性液体，也称磁流体或铁磁流体，它是一种既能像液体一样流动，又能像固体磁性材料一样被磁场吸引的胶体溶液。将直径为 10 纳米左右的固体磁性颗粒通过一定的技术手段使其均匀地分布于水、煤油等液体当中，就形成了磁性液体。由于具有独特的性质，磁性液体自诞生以来，其应用潜力不断得到发挥，在工业、航空、航天，甚至医学、艺术领域都有独特的应用。

　　自 1977 年在意大利召开了第一届国际磁性液体会议以来，该会议每三年召开一次。在这一研究领域，国内外已发表论文、专利数千篇，且发表的数量逐年递增，充分反映了磁性液体蓬勃的发展前景。尽管我国已有不少研究单位开展了磁性液体的研究工作，但这项研究在我国的应用局面并未完全打开，也从一个侧面反映出这一领域尚未被人们普遍了解。

　　著者从 1989 年开始一直致力于密封、减振器、传感器等基础零部件的研发，特别是在多学科与机械学交叉的基础上，主持创建了极端工况下磁性液体零泄漏密封技术体系，发明了耐宽温域高性能磁性密封技术、耐酸碱长寿命磁性液体动密封技术、耐强核辐射高可靠磁性液体动静密封技术，实现了耐强核辐射零泄漏磁性液体密封的突破。取得的原创性技术成果广泛应用于国内外300多家单位。

　　编撰这样一本著作，旨在让更多的人了解磁性液体，在更多的领域发掘和利用磁性液体的巨大潜力。基于这一写作宗旨，本书共分8个章节，分别介绍了磁性液体的物理化学性质，以及在众多领域的独特应用。在写作过程中，尽量考虑到内容的知识性、科学性和趣味性。形式力求生动活泼、简洁易懂，不仅对难点词汇做了适当注释，而且还添加了丰富的图表。

　　著者衷心感谢沈保根院士和都有为院士能在百忙之中细读本书，并为之作序，衷心感谢我的老师王玉明院士引导著者进入流体密封这一充满魅力的学术领域。他们的支持和鼓励激励着著者奋进不息！

　　编写此书只是著者个人出于一种责任驱使而做的工作，由于学识水平有限，磁性液体的学问博大精深，书中疏漏之处在所难免，望广大读者批评指正。

　　著者联系方式：lidecai@tsinghua.edu.cn。如蒙指正，不胜感激。

李德才

2023 年 7 月于清华园

目录

导言 | 神奇的磁性液体

　　你知道美国漫威漫画公司旗下的反派英雄——毒液吗？它是一种有思想的外星生命共生体，通常以液态的形式出现。它需要与一个宿主结合才能生存，如果宿主是好人，毒液可以让好人越战越勇，成为超级英雄；如果宿主是坏人，毒液则会使其变成超级反派。

　　它属于一种液体，所以能够随心所欲地改变形态，

被毒液附身的人

如变成阶梯、钢笔、钱财，等等。并且毒液还能任意舒展四肢或是从体内喷射出触须。

根据电影里的描述，毒液具有超强的治愈能力，即使被打成肉泥或是一摊水，只要有足够的时间，它依旧可以恢复如初。它的治愈能力让它免受各种病毒与疾病的困扰，甚至不惧怕心灵的控制与核辐射。但即便是如此强大的毒液也有致命的弱点，就是超声波与高温会使它与宿主强制分离，甚至会对其自身产生严重的伤害。

当然，真正的毒液只存在于电影里，是一种虚幻的外星生物而已。但我们都知道影视里的人物和场景一般都源于现实生活中的人物与情景。那么毒液在我们现实中有没有原型呢？是有的，在我们的现实生活中也有一种外观与毒液非常类似的液体。在一般情况下，这种液体呈现出一摊水的形态。当受到某种特殊环境的影响时，它会迅速发生形变，并可以吸附于物体上。而且，这种液体也对温度和声音比较敏感。在温度特别高时，它的

磁性液体被磁铁吸附

各种性能会受到影响。它就是我们本书的主角——磁性液体。

在一般情况下，磁性液体看起来与黑色的墨水并无太大区别，但当它遇到能够给它"力量"的磁场之后，就会展现出不同于墨水的奇特性质。我们知道墨水不会被磁铁吸引，但磁性液体会。而且反过来，它还能将磁体吸附在空中。

不仅如此，磁性液体还有着奇特的浮力特性。我们知道，根据阿基米德浮力定理，放在液体中的物体受到向上的浮力，其大小等于物体所排开的液体重量。因此密度比液体小的物体能够浮在水面上，密度比液体大的物体会沉入水底。例如，泡沫能够浮在水面上，但石头却会沉入水底。这是因为泡沫的密度比水小，水产生的浮力能够轻松地将泡沫浮起来；石头的密度比水大，水产生的浮力不足以将石头浮起来。

铝是一种不导磁的金属，在20℃时，它的密度约为2.7克每立方厘米，其密度比磁性液体大。在磁场的作用下，磁性液体能够产生奇特的浮力，将密度比磁性液体大的非导磁物质悬浮起来。如图所示，可以看到，在磁场环境下，密度比磁性液体大的铝块悬浮在磁性液体中。

铝块浮在磁性液体上   磁性液体所变的"玫瑰花"

除此之外，在磁场作用下，磁性液体能和毒液一样变换形态，变成一朵"带刺的玫瑰花"。

当然，磁性液体还有很多其他奇特的性质，并且其中很多奇特的性质已经被科学家们应用到我们的生活当中了。下面就让我们一起一层一层地揭开磁性液体的神秘面纱吧。

第 1 章 | 磁性液体的神秘面纱

磁性液体的"真身"

如果我们想结交一位新朋友，通常会先问对方姓名，然后再进一步了解其性格特点、兴趣爱好，等等。同样的，如果我们想了解一种新事物，首先需要搞清楚它的名称，然后再进一步了解其性质。从名称可以推测出，磁性液体是一种液体，也就是一种像水一样没有固定形状且能够流动的物质。它可能与磁场有关，或许像铁块一样，能被磁铁吸引。

事实上，磁性液体确实像它名称所描述的那样，既能像水一样流动，又能像铁块（固体的导磁材料）一样受到磁场的吸引。它是由直径大约 10 纳米的固体磁性颗粒，通过一些技术手段，均匀地分散在水、煤油等液体中形成的胶体溶液。磁性液体中的固体磁性颗粒通常为铁磁性颗粒，比如四氧化三铁颗粒。

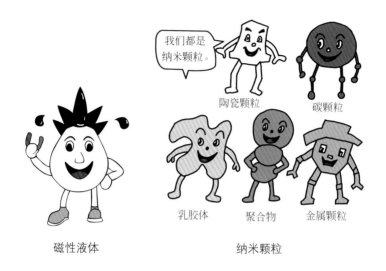

磁性液体　　　　　　　　　　纳米颗粒

　　这里所说的纳米又称毫微米，是一种长度的度量单位（1 纳米 =10^{-9} 米）。现在很多材料的微观尺度多以纳米为单位，比如纳米颗粒，又称纳米尘埃、纳米尘末，指纳米量级的微观颗粒。它是一种人工制造的、大小不超过 100 纳米的微型颗粒。它的形态可能是乳胶体、聚合物、陶瓷颗粒、金属颗粒和碳颗粒。

　　而这里所说的胶体溶液又称胶状分散体，是一种均匀混合物。在胶体中含有两部分不同状态的物质，一部分是连续的，另一部分是分散的。连续的部分被称为分散剂，由水、油或空气组成；分散的部分被称为分散质，

无机盐
糖
羊皮纸
水
实验溶液
烧杯
量筒

胶体

胶体的起源

由微小的粒子或液滴组成，其直径在 1 ～ 1000 纳米，几乎遍布在整个分散剂中，例如尘埃，就是一种分散质粒子。

　　胶体这个名词最早是由英国科学家托马斯·格拉汉姆在 1861 年提出来的。格拉汉姆将一块羊皮纸缚在一个玻璃筒上，筒里装着实验用的溶液，并把筒浸在水中，进行多物质扩散速度的研究。他发现有些物质，如糖、无机盐等扩散快，很容易从羊皮纸渗析出来；另一些物质，如明胶、氢氧化铝、硅酸等扩散很慢，不能或很难透过羊皮纸。后一类物质不能结晶，大多变成无定形胶状物质。

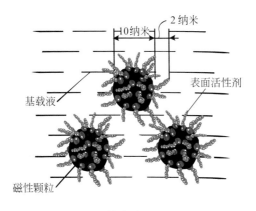

10纳米

2纳米

表面活性剂

基载液

磁性颗粒

磁性液体的组成

胶体有着不同的分类方法。如果按照分散剂的状态分类，习惯上把分散剂为液体的胶体分散体系称为液溶胶；分散剂为气体的分散体系称为气溶胶；分散剂为固体的分散体系称为固溶胶。磁性液体的分散剂为液体，因此属于一种液溶胶。

为了让纳米级的固体磁性颗粒能够均匀分散在液体中，避免它们形成团聚，需要在其表面包覆一层物质，我们把这种包覆的物质称为表面活性剂。把能够让固体磁性颗粒均匀、稳定分布的液体称为基载液，如水、煤油，等等。

表面活性剂就像"桥梁"一样，将固体磁性颗粒与基载液连接在一起，使固体磁性颗粒能够稳定分散在基

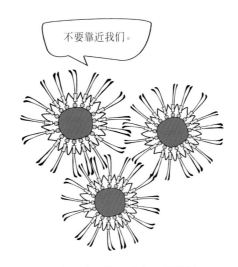

固体磁性颗粒吸附表面活性剂

载液中。同时，表面活性剂又像"弹簧"一样，使固体磁性颗粒即便在重力和磁场的作用下也不会发生团聚和沉降，从而让磁性液体可以长期保持磁性与流动性。

因为磁性液体具有这些特性，所以磁性液体在航空航天、机械、化工等行业发挥出了不可替代的作用。

磁性液体的"家乡"

尽管磁性液体这种物质并不被大家熟知，但实际上从它诞生到现在，已经经历了几代人。它是 20 世纪 30年代，由美国科学家发明的，发明之后他们就将其称作磁性液体。

　　磁性液体的发明具有一定的偶然性。起初这些科学家只是想通过制备悬浮在液体中的微小磁性颗粒来研究磁性材料的特性，但意外地得到了一种磁性液体，进而开启了对磁性液体的探索。然而，由于当时制备的磁性液体还不够稳定，人们在相当长一段时间里都没有发现它广阔的应用前景。

　　随着人类在太空中探索和活动的扩大，20世纪60年代成为人类航天技术发展最快的时代之一。同样的，摆在各国科学家面前的难题也是多如牛毛。其中有一个重要的难题是：在火箭发射过程中，随着重力的减小，火箭燃料贮箱中液态燃料和气态燃料会自由地散布在贮箱里，导致动力系统不稳定等一系列问题，进而危及火箭发射的安全。另一个难题则是：航天服作为航天员在太空安全作业的重要保障，与大家平时穿的衣服有所不同，其内部有很多活动关节，人们很难同时保证航天服可动关节的灵活性与密封性。

　　为了解决此类困难，美国国家航空航天局（NASA）的 S.Papell 教授提出利用磁性液体来解决这些难题的方案。1965 年，他发明了一种方法，可以通过研磨磁粉，

在太空中工作的飞行器

得到磁性固体颗粒为 10 纳米左右的磁性液体，但该方法需要耗费大量时间和精力。1966 年，日本下坂教授用化学方法首次制出磁性固体颗粒，由此开启了磁性液体的工业化生产。如今，制备磁性液体的方法已经有十余种。

1964 年国外科学家 J.Neuringer 和 R.Rosensweig 在《流体物理学》期刊上发表了一篇题为 *Ferrohydrodynamics* 的文章。这篇文章奠定了铁磁性液体热力学和磁性液体流体力学的基础。如今，磁性液体已形成一个独立的学术领域，自 1977 年开始，每三年举行一次国际会议。磁性液体的研究与应用有着广阔的前景，在许多未知的领域还有待开发。

第 2 章 | 磁性液体的基石

磁性液体之所以能被广泛应用于不同领域，最重要的原因之一是它具有良好的稳定性，其物理性质和化学性质不易发生变化。而磁性液体最独特的地方在于它有着非常好的磁场响应性，对磁场极其敏感。

优秀的稳定性

一个国家要想实现长远的发展目标，首先必须确保国内社会环境稳定。如果国家没有稳定的社会环境，就无法保证各项政策实施到位。

同样的，物质的稳定性则是物质被广泛应用的基石。对于物质稳定性的定义，一般指的是在一定条件下，物质的化学性质不发生变化，其中包括氧化性、还原性、酸碱性、水解性、热分解性，等等。

磁性液体之所以能越来越受到科学家们的青睐，并被应用到不同领域中，其中一个重要的原因就是它具有良好的稳定性，能够保证在应用时其各项性质不会轻易发生改变。它的稳定性主要体现在两个方面：一个是胶体溶液的稳定性，另一个是组成成分的稳定性。

所谓胶体溶液的稳定性，指的是磁性液体中的固体磁性颗粒不会发生团聚和沉降现象，固体磁性颗粒能够均匀稳定地分散在基载液中。

1827 年，苏格兰植物学家罗伯特·布朗发现水中的花粉及其他悬浮的微小颗粒不停地做不规则的曲线运动，后来人们把悬浮微粒永不停息地做无规则运动的现象叫作布朗运动。不只是花粉，对于液体中各种不同的悬浮微粒，都可以观察到布朗运动。

固体磁性颗粒不发生聚沉的重要原因是固体磁性颗粒之间存在布朗运动。由于基载液中的分子不停地做无

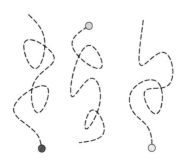

布朗运动

规则运动、不断地碰撞固体磁性颗粒，所以固体磁性颗粒也在不停地做着无规则运动。无数固体磁性颗粒的无规则运动使磁性液体达到一种动态稳定。

固体磁性颗粒团聚的主要原因在于磁性颗粒之间存在着一种相互作用力。当两个固体磁性颗粒距离较远时，作用力表现为相互排斥；当两个固体磁性颗粒距离较近时，作用力表现为相互吸引。所以，在磁性液体中，当两个固体磁性颗粒接近到一定程度之后，这种作用力就会从排斥力变成吸引力，导致固体磁性颗粒团聚。众多固体磁性颗粒集聚成团，最终将导致固体磁性颗粒间的布朗运动消失，发生沉淀。

为了防止固体磁性颗粒产生团聚，在制备磁性液体时需添加表面活性剂以确保固体磁性颗粒间的布朗运动正常进行。表面活性剂的分子是一种长链分子，长链分子的一端吸附在固体磁性颗粒的表面；另一端是自由的，可以随意摆动，

我在培养我的植物时发现了花粉颗粒在水中会不停地做无规划运动。我把这种运动叫作布朗活动。

罗伯特·布朗

这种摆动是一种热运动。表面活性剂长链分子摆动的动能就是一种防止固体磁性颗粒相互接触的排斥能。

磁性液体组成成分的稳定性，主要取决于基载液的蒸发，以及在与其他液体介质接触时是否相互渗透。在实际应用中，磁性液体经常处于低压甚至真空的环境下，有时环境温度可达 100℃，因此基载液在这些环境条件下蒸发量的大小就决定了磁性液体的使用寿命。除了由于分子扩散而引起的相互渗透，磁性液体在与其他液体介质接触的界面上还会形成一种迷宫状图案，这种现象称为界面的不稳定性。因此，在使用磁性液体时，我们要尽可能避免磁性液体和其他液体介质接触。

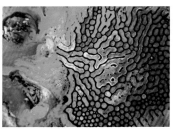

在接触面上的迷宫图案

一位瑞士摄影师利用这一特性创作了名为 *Millefiori* 的摄影作品。在磁铁吸引磁性液体时，他将不同颜色的水彩颜料用针筒注入磁性颗粒之间。在被磁场吸引的过程中，磁性液体染上了五彩斑斓的色彩，形成了绚丽的迷宫图案。

卓越的磁场响应性

我们都听说过这样的现象，给一条直的金属导线通入电流，放在导线附近的小磁针就会发生偏转，而使得小磁针发生偏转的就是磁场。

有关磁场的学术性论述，最早是由法国学者皮埃·德马立克（Pierre de Maricourt）于公元 1269 年提出的。德马立克仔细标明了铁针在块型磁石附近各个位置的方向，并利用这些记号又描绘出很多条磁场线。他发现这

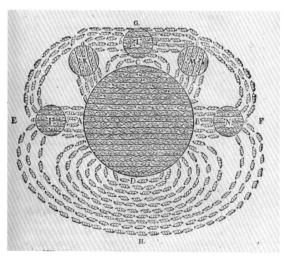

最早出现的几幅手绘磁场图之一

些磁场线相会于磁石的两端，就好像地球的经线相会于南极与北极。

这幅手绘图创作于 1644 年，从图中可以看出地球（中心大圆球）的磁场同时吸引着几块圆形磁石（以 I、K、L、M、N 标记的圆球）。它的绘者为勒内·笛卡儿，他认为磁性是由微小螺旋状粒子的环流造成的，他把这种微小螺旋状粒子称为"螺纹子"。这些螺纹子穿过磁铁的平行螺纹细孔，从南极（A）进入，到北极（B）出来，经过磁铁外的空间（G、H）再绕回南极。当螺纹子绕至磁石附近时，就会穿过其中的细孔，从而产生磁力。

磁性液体最重要、最独特的物理性质就是它能够被磁场吸引，一般称为磁场响应特性，或磁性液体的磁化性能。磁性液体之所以能够对磁场做出快速的响应，其本质是因为磁性液体中固体磁性颗粒内部做轨道运动的电子（相当于微电流环）受到外磁场的作用，电子的运动轨道平面在某种程度上按外磁场方向做有序排列。也有人认为，磁性液体之所以可以对磁场做出快速的响应，是因为悬浮于基载液中磁性颗粒本身的旋转。

既然磁性液体能和磁铁一样对磁场迅速产生反应，那么我们是否可将其称为液态磁铁呢？

　　我们先来做个小实验，将一定量的磁性液体倒入瓶盖，然后拿一根小铁钉慢慢靠近它，可以发现铁钉和磁性液体都不发生变化，说明在一般情况下磁性液体不会吸引铁钉，不具备磁性。

　　接着，我们再把小磁铁放到装有磁性液体的瓶盖底部附近，观察磁性液体的反应。我们会发现小磁铁一旦靠近瓶盖底部，磁性液体的形态就立刻会发生变化。随着小磁铁的靠近，磁性液体表面不断产生"刺"，而且"刺"会随着小磁铁位置的变化而移动。这表明磁性液体在受到磁场作用时会表现出一定的磁性。

磁性液体表面起"刺"现象

　　磁性液体平时不表现磁性，当在其周围加上磁场后，它能够表现出磁性；当外磁场移除以后，磁性液体几乎没有剩余的磁性。这是因为铁磁性颗粒本身悬浮于基载液中，外磁场移去以后，铁磁性颗粒的热运动会使它们最终变成无规则运动状态，这就意味着完全退磁。

在广东东莞的科技馆里，有一个名叫"磁性液体爬坡装置"的展示装置。通过这个装置，我们能够看到磁性液体缓缓地从低的一端"流"到高的一端，实现"爬坡"。

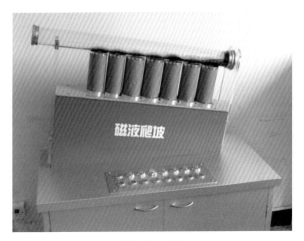

磁性液体爬坡装置

我们先来了解一下这个装置是如何运行和具体操作的。这个装置的操作面板上有一系列手动按钮，分别控制对应线圈的通电与断电，依次按下并松开按钮，我们就会看到处于 V 形玻璃管底部的磁性液体是怎样一点点地"爬"到高处的。

那么，磁性液体为什么会自动"爬坡"呢？原来，磁性液体在磁场作用下会被磁化，并且磁化强度随外加磁场强度的增加而增加，直至饱和不能再被磁化。在这个展示装置中，线圈组产生的外加磁场由低到高依次产生与消失。在外加磁场的作用下，在被磁化的磁性液体内部将产生磁场力。随着磁场的变化，这种磁场力会推着磁性液体运动，从而表现出"水"往高处流的现象。

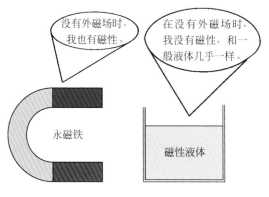

永磁铁与磁性液体

那么磁性液体为什么能像磁铁一样对磁场极其敏感？这是因为磁性液体中弥散着众多纳米尺寸的固体磁性颗粒。我们可以把磁性液体中的每一个固体磁性颗粒看成一个小磁针，这些小磁针在正常情况下杂乱地排列在磁性液体中。这时小磁针的 N 极、S 极的取向杂乱无章，方向各异，各个小磁针之间的磁性相互抵消。因此，从整体上看，磁性液体通常不显磁性。

但是，当我们把磁性液体放置在磁场中的时候，这些小磁针就会乖乖地顺着外界磁场的分布，它们的指向趋于一致，各个小磁针的磁性不但不再相互抵消，还叠加在了一起，并从整体上显现出磁性。这就是我们所说的磁性液体被磁化了。

外界的磁场越强，各个小磁针指向的一致性就越好，它们叠加在一起的磁性就越强，对外显示的磁性也越强，即磁性液体的磁化程度提高了。继续增加磁场强度，使磁性液体内部小磁针的排列方式都达到一致，此时磁性液体中小磁针叠加的磁场达到了最大值。继续增加外界的磁场强度，磁性液体的磁性不会再提高，也就是说磁性液体的磁性达到了饱和状态。

当磁性液体移出磁场时，其内部的小磁针排列不再有序，恢复成杂乱无章的状态，各个小磁针的磁场相互抵消，磁性液体便不再显示磁性。

通过上述讲解，你可能理解了磁性液体对磁场的响应机制，但你或许还有一些新疑问：磁性液体是由纳米

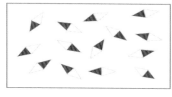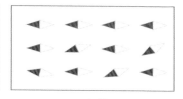

无磁场   有磁场

磁性液体内的"小磁针"

尺寸的固体磁性颗粒分散在基载液中构成的，基载液对
磁场是不敏感的，为什么我们能够通过控制固体磁性颗
粒来控制整个磁性液体呢？而且，磁性液体对磁场的响
应为什么能如此迅速呢？

　　在磁性液体中弥散着数量众多的固体磁性颗粒，每
毫升磁性液体中约含 10^{17} 颗固体磁性颗粒。如此庞大的
数量使得固体磁性颗粒与基载液之间有着巨大的接触面
积。具体地说，在每毫升磁性液体中，固体磁性颗粒和
基载液的接触面积可以达到约35平方米。抛开其他因素，
仅考虑这么大的接触面积产生的巨大黏附作用，就能够
想象到，如果我们能通过磁场控制这些固体磁性颗粒，
就能够控制整个磁性液体。

第3章 | 神奇的"魔力"

　　为什么说磁性液体具有神奇的"魔力"呢？这是因为磁性液体在一些力学领域展现出了魔法一般的特性，这也使其拥有了广泛的应用前景。

无"泄"可击的密封力

 磁性液体密封原理

　　通过磁场控制磁性液体可以使其分布在密封间隙中，从而防止物质泄漏。这种密封方式属于非接触性密封，密封间隙上下端之间没有接触摩擦，所以不受摩擦力的影响。磁性液体密封具有可靠性高、寿命长、无污染，以及良好的耐压能力等优点。

　　在日常生活中，密封普遍存在。小到超市售卖的玻璃罐头，大到飞机轮船都能看到密封的身影。

　　许多灾难性事故都是由密封不良造成的。1986年美国发射的"挑战者"号航天飞机，在升空不久后发生爆炸，

玻璃罐头

7 名宇航员当场遇难，价值 12 亿的航天飞机瞬间化为乌有。

　　事后经过调查，导致事故发生的最直接的技术原因是，在航天飞机右侧固体火箭推进器的两个低层部件之间有一个 O 形橡胶圈失效。通常情况下，利用橡胶圈的伸缩性可以填补结合处的缝隙，防止喷气燃料在燃烧时产生的热气从联接处泄漏。然而，当时航天飞机发射基地所在的美国佛罗里达州的气温已经降到 0℃以下，O 形橡胶圈变得非常坚硬，难以伸缩，使得密封效果大打折扣。喷出的燃气烧穿了助推器的外壳，继而引燃外挂燃料箱。燃料箱裂开后，液氢在空气中剧烈燃烧产生爆炸。

　　所谓密封，就是要解决密封介质泄漏的问题，下图表现出来的是传统的橡胶圈密封方式。橡胶圈嵌入轴和轴套之间，以防止被密封的介质从轴和轴套之间的间隙泄漏出去。当使用大小合适、种类适当的橡胶圈时，能有效阻止被密封的介质从轴和轴套之间的间隙中渗出。

　　但是，如果轴是转动的，轴和橡胶圈之间的摩擦会非常严重，这会使橡胶圈磨损得很快。当橡胶圈遭到破

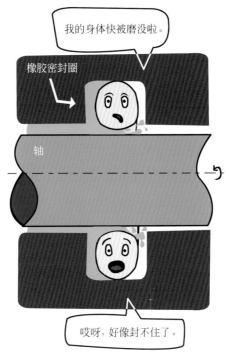

橡胶圈密封原理

坏以后，被密封的介质就会从间隙中泄漏出来。因此，人们研究的目标就是想办法减少轴与橡胶圈之间的摩擦，从而避免被密封的介质泄漏。

磁性液体密封的出现为解决上述难题提供了出色的方案。用磁性液体代替轴和轴套之间的橡胶圈。通过磁性液体来阻挡密封介质从轴和轴套之间的间隙中泄漏出去，从而起到密封的作用。

这一方法正是利用了磁性液体的特性，也就是当它受磁场力影响的时候，能够很好地保持在密封间隙位置，防止被密封的介质泄漏出去。磁性液体密封是非接触密封，密封面之间没有直接接触，因此摩擦力很小，对密封器件的损伤非常小。

磁性液体密封装置需要以下几个部分：一个磁性很强的永磁体（即磁铁）；两个导磁性能良好的环形导磁圈（我们通常将其称为极靴）；一个导磁性能良好的转轴，以及一定量的磁性液体。我们把两块极靴放置在永磁体的两端，在轴和极靴的间隙中注入一定量的磁性液体。在永磁体产生的磁场作用下，磁性液体会被吸附在极靴的末端，形成一圈一圈的"液体环"。这些"液体环"就像是一个个 O 形橡胶圈，于是被密封的介质就不能通过极靴和转轴之间的间隙泄漏出去。

　　磁性液体密封的关键在于如何将磁性液体固定在极靴和转轴的间隙中不流出去。这一关键问题是怎么解决的呢？它靠的是永磁体对磁性液体产生的影响。由于极靴的导磁性能良好，所以能够将永磁体的磁性导到极靴的末端。这样磁性液体就能够被固定在极靴和转轴之间的间隙中，从而达到密封的目的。利用磁性液体密封，既可以防止被密封的介质通过极靴和转轴的间隙泄漏出去，也可以防止外界的空气、尘埃通过这一间隙进入密封空间，从而起到了防尘、防潮、防污染的作用。

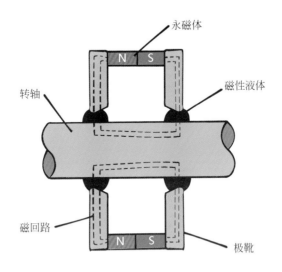

磁性液体密封原理

研究表明，在现有的检测条件下，利用磁性液体密封检测不到泄漏，人们通常称其为唯一的零泄漏密封方式。磁性液体密封很稳定，通常在不需要任何维护的条件下能够连续工作十年以上。这项技术除了上述的一块永磁体、两个极靴和少量的磁性液体，不需要其他辅助装置，因此其结构非常简单。同时，磁性液体密封在有相对转动的零部件之间的摩擦很小，工作过程中不产生污染系统的颗粒，可靠性高，又很环保。同时，它还允许转轴有很高的转速。

极靴　永磁铁　磁性液体　转轴

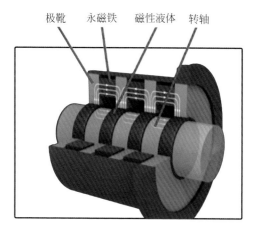

磁性液体密封

在某些方面，磁性液体密封有着其独特的性质，这是其他任何密封形式所不能替代的。因此，磁性液体密封有着非常广泛的应用。下面介绍磁性液体应用于密封的一些实际案例。

1. 磁性液体密封应用于雷达探测器

"二战"期间，雷达首次问世，并被广泛用于军事领域。当时在大不列颠上空，德英两军激烈搏杀。此前英军才完成了敦刻尔克胜利大逃亡，面对来自德军的空中打击，英国急需一种能够发现空中金属物体的雷达技术，这样才能在反空袭中及时搜索和反制德军飞机。

在这一需求的推动下，雷达技术飞速发展，实现了从地对空、空对地到空对空的火力控制，甚至拥有了敌我识别等多种功能。到了战后，雷达不仅成为军队必备的电子装备，而且为改善人们的生活（如气象预报、资源探测、环境监测等）和进行科学研究（如天体研究、大气物理研究、电离层结构研究等）做出了重大贡献。雷达在洪水监测、海冰监测、土壤湿度调查、森林资源调查、地质调查等方面展现出了很好的应用潜力。

雷达的优点很明显，不管白天还是黑夜，它都能够探测到远距离的目标，且不受雾、云和雨的干扰，有类似"千里眼和顺风耳"的能力。雷达通过无线电波探测

某雷达基站

物体，它的探测距离和精确度都和无线电频率息息相关，频率越高，探测距离越远，精度也越高。无论是哪方面的应用，我们都希望雷达能探测到尽可能远的物体，精度也尽可能高。但是当我们把无线电频率提高到一定的数值或者超过一定数值时，雷达内部的一个核心器件就会被击穿，导致其无法正常工作。这就限制了雷达所能使用的无线电频率，也限制了雷达所能探测的距离。

磁性液体密封的出现为解决这一问题提供了新的思路。它拥有良好的性能，长久的使用寿命，不产生污染，这些特性完美地满足了雷达密封的要求。通过磁性液体密封可以将雷达这一核心器件密封起来，使其不会被无线电击穿，从而使得雷达所能允许的无线电频率得到显著提升，相应的探测距离也大幅增加。

应用磁性液体密封的雷达装置

2. 磁性液体密封应用于坦克周视镜

如果你对军事节目有所了解，那你肯定不会对坦克感到陌生。从1916年英国研制出世界上第一辆坦克开始，这种"钢铁怪兽"就凭借它强大的火力、坚固的装甲和良好的机动性迅速赢得"地面战场之王"的美誉。但是你是否想过这样一个问题，坦克周身都被装甲包裹，驾驶员是如何观察坦克周围情况的呢？我们都知道，开汽车时可以通过透明的车窗看到周围的环境，那么坦克是否也有"车窗"呢？

　　其实早期坦克里的人员是没法在坦克内观察周围环境的，他们只能通过缝隙或者以钻出坦克外的方式来观察周围情况，这种方式不能保证坦克内人员的安全。到了第二次世界大战时期，坦克开始配备可以旋转的周视镜，拥有了自己的"眼睛"，但当时的坦克周视镜功能尚不完善，坦克内的人必须跟随周视镜一起转动才能观察到周围的情况。在狭小拥挤的坦克内，这让人感到异常不便。然而，1965 年，德国"豹 1"坦克的周视镜发生了翻天覆地的变化。该坦克配备了拥有集成转像系统的周视镜，坦克内的人只需坐在坦克里就可 360° 观察周围的情况，这极大地提升了坦克的战斗力。

　　随着科技的发展，坦克周视镜的性能不断提升。现在坦克周视镜可以将 360°的信息反馈给火控系统的其他部件，让其能够快速准确地击中目标。但是，新的问题也随之而来，周视镜越精密，对于密封的要求则越高。坦克的作战环境往往非常恶劣，外界的灰尘、雨水和杂质很容易进入周视镜，从而影响其正常工作。因此，周视镜的密封一直是一个棘手的难题。

坦克周视镜

　　那么，要如何让坦克始终保持"目光如炬"，更好地保护它的"眼睛"呢？考虑到磁性液体密封的诸多优点，研究人员设计了一种用于坦克周视镜的磁性液体密封结构，并对设计的密封装置进行了环境适应性测试，包括高低温储存实验、高低温工作实验、湿热实验、盐雾实验等。实验结果表明，这种磁性液体密封结构可以让坦克周视镜在各种恶劣环境下照常工作。

3. 磁性液体密封应用于罗茨真空泵

我们都知道，随着海拔的升高，空气会逐渐变得稀薄，到了遥远的太空中，在几乎没有空气的情况下就形成了真空状态。由于真空中没有氧气，所以人们无法正常呼吸，但一些工业生产条件和设备仪器，恰好需要在真空环境下才能正常运行。

冶金是指从矿物中提取金属或金属化合物，用各种加工方法将金属制成具有一定性能的金属材料的过程和工艺。在冶金工业中，我们要将坚硬的钢铁熔炼成滚烫通红的钢液。当钢铁处于固态时，空气对它影响较为缓慢。但当钢铁熔化成液态时，一旦接触空气，它就会发生剧烈的化学反应，导致其各项性质发生变化，而这种变化是我们不愿意看到的。因此，我们要将钢液中的空气抽离，让它处在真空环境中。

我们以前常用的钨丝灯泡，其内部也是经过真空处理的。因为钨丝在空气中会发生化学反应，从而寿命变短，所以需要用玻璃罩将钨丝与外界空气隔离开来，再把钨丝周围的空气抽出来。

为了将空气抽离，实现真空的环境，科学家们发明了罗茨真空泵，这是一种内部装有两个朝反方向同步旋转的鞋底形转子的装置。这种真空泵的容积可变，转子与转子之间、转子与泵壳内壁之间都有细小的间隙。它的特点是启动速度快，消耗的功率少，运行维护费用低，抽速高，并且在很多方面有着广泛的应用，比如真空冶金中的冶炼、脱气、轧制，以及化工、食品、医药工业中的真空蒸馏、真空浓缩和真空干燥。

罗茨真空泵同样也面临着密封问题，如果密封不好，到处漏气，不仅会降低真空泵抽气的效率，还会增加功率消耗，浪费能源。

为了保证罗茨真空泵的工作效率，我们需要关紧它的三处"门窗"。第一处位于转轴穿过泵盖的部位，它们之间是相对转动的，因此形成动态密封。第二处位于泵的端盖与泵体之间，其间形成的是静态密封。第三处位于传动轴头外伸部分穿过泵盖的部位，即轴保护套内。在这三处需要密封的地方中，第二处的静密封很容易被封住。第三处密封因为轴保护套和轴共同旋转，没有相对运动，就形成了类似静密封的状态，通常只需要用 O 形密封圈即可密封。而第一处的动态密封，用一般的密封方式很难做到零泄漏，而且长期的磨损也会缩短其使用寿命。

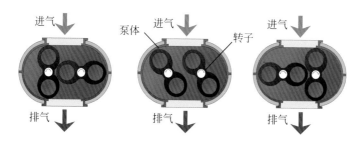

罗茨真空泵原理图

为此，人们通过一系列的研究，提出了利用磁性液体来密封罗茨真空泵的解决方案。经过计算、设计、实验、仿真等工作，研究人员最终成功地将磁性液体应用到了罗茨真空泵的密封当中。在这一应用中，磁性液体密封展现出零泄漏、寿命长、可靠性高、没有污染、黏性摩擦低、能承受高转速的特点。

4. 磁性液体密封应用于含核辐射装置

你知道核能吗？核能是我们人类最具希望的未来能

源，它具有非常高的能量密度，而且高效可靠。不仅如此，相对于太阳能和风能等清洁能源，核能生产所需的占地面积要小得多。

　　既然核能有如此多的好处，那么国家为何不多建造一些核电站呢？为何在我们日常生活中几乎接触不到核能呢?

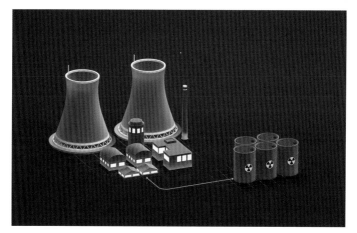

核能工厂与核发电站

　　在回答上述问题前，我们先来了解一下核辐射。核辐射是一种波长短、频率高、能量高的射线，主要有 α、β、γ 三种射线。过量的核辐射对人体会产生伤害，可能致病、致癌、致死。受核辐射时间越长，受到的辐射剂量越大，危害也越大。比如，1986 年苏联的切尔诺贝利核泄漏事故和 2011 年日本福岛的核泄漏事故导致大量的放射性物质泄漏，造成了严重的安全问题和巨大的经济损失。

因为核废料中含有大量的放射性物质，如若发生泄漏将严重威胁我们的健康安全，所以核能目前仅用在部分重要领域。如果能设计一种可将核反应装置密封起来的密封件，防止核辐射扩散，那么对于核能的进一步推广应用将有重要意义。

钠冷快堆是一种能够高效利用铀的核反应堆。铀是一种放射性金属元素，可作为核反应的燃料。2012 年印度某研究中心在无油钠泵上进行磁性液体密封研究。

核反应堆

2015 年我国某研究院将其应用于具有辐射的钠冷快堆主轴，这是该项技术首次应用于核能工程的实例，具有重大的研究意义。

为了确保钠冷快堆上主轴中磁性液体的密封效果，必须使设备同时满足耐压、泄漏率控制和耐高温等基本功能。为此人们设计了一种具有高剩磁、高矫顽力、高饱和磁化强度等特点的新型磁性液体主轴密封结构。在对磁性液体密封主要部件进行分解后，研究人员发现，采用高剩磁、高矫顽力的永磁体，高饱和磁化强度的磁性液体，导磁性能良好、数量充足的极靴，均可实现耐压功能。

钠冷快堆主轴的径向跳动会导致极靴与导磁轴套间的间隙发生变化，引起泄漏率的变化，这为控制泄漏率的工作带来极大挑战。为此，人们提出了通过优化主轴结构和改变轴承润滑材料来降低泄漏率的措施，同时采用磁屏蔽技术减小磁力对控制系统的干扰。通过仿真分析，人们发现在正常工作状态下，采用 O 形密封圈进行径向密封时，选用材料性能好的密封圈和能够容纳放射性物质的磁性液体，可以实现控制泄漏率的目的。

为了满足钠冷快堆主轴能在高温环境下正常工作的

要求，在选择永磁体、磁性液体和 O 形密封圈时，需优先考虑能耐高温的材料。

人们进行了不断的尝试、改进和优化，最终研发出了一种能够同时满足耐压、泄漏率控制良好和耐高温等基本功能的磁性液体密封装置，为核能的进一步推广应用提供了理论基础和实际解决案例。

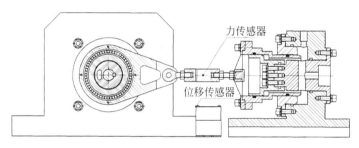

部分实验装置图

异于常"人"的悬浮力

众所周知，当一块石头被扔进水里，它会迅速沉入水底，而将一块泡沫丢入水中它却能漂浮在水面上，究其原因，是因为它们的密度不一样。根据阿基米德浮力定律，石头的密度比水的大，产生浮力比其自身重力小，因此石头会沉入水底。泡沫的密度比水的小，产生的浮力比其自身重力大，因此泡沫能够漂浮在水面上。

不同密度的物体在水中的不同状态

　　然而，在磁场的作用下，即使密度比磁性液体大的物质也能够稳定悬浮在磁性液体中。为什么会这样呢？这是由于磁性液体有着区别于一般液体的悬浮特性，即磁性液体的一阶浮力特性和磁性液体的二阶浮力特性。

　　我们来做一个小实验，在一个烧杯中注入一定量的磁性液体，将一个实心的铝块放入液体中，观察铝块的沉降情况。然后，在烧杯底下放置一个永磁体，再看看铝块位置又会发生什么变化。我们会发现一开始铝块沉到了烧杯底部，但在烧杯底部放置永磁体后，铝块又会浮起来，这就是利用了磁性液体独特的浮力原理，即磁性液体的一阶浮力原理。

 磁性液体的一阶浮力原理

在外磁场作用下，即使密度比磁性液体大的非导磁物质也能够稳定悬浮于磁性液体当中。

浮力的本质是浸在液体（或气体）中的物体上下表面存在压力差。密度比液体（或气体）大的物体之所以能够浮在液体（或气体）上正是因为这个压力差大于物体受到的重力。磁性液体在磁场作用下还受到磁场力的作用，在烧杯底部放置永磁体后，靠近永磁体的地方磁场力的作用强，远离永磁体的地方磁场力的作用弱。如此一来，在磁场力的作用下，物体表面就形成了一个和磁场力有关的压力差。当这个压力差和非磁场力形成的压力差叠加后超过铝块的重力时，铝块就会在磁性液体中浮起来。这就是我们所说的磁性液体的一阶浮力原理。基于这一原理，人们提出了很多应用，比如矿物分离、惯性阻尼器等。

铝块悬浮于磁性液体中

1. 矿物分离

我们生活中常见的铝、铁、铜等金属，大部分都以氧化物的形式存在于矿石中，而直接从矿山采出的矿石中还含有大量的脉石矿物或有害物质，因而需要通过技术手段将矿石分离。

选矿是根据不同矿物之间的物理、化学性质差异，采用各种方法将它们相互分离的工艺过程。例如，直接从永磁体矿山中开采出来的矿石中主要含有永磁体矿与石英两种矿物成分，由于它们的导电性不同，因此可以在选矿时加入一种能够吸附在石英表面，却不会吸附在永磁体矿表面上的添加剂，这样就可以将永磁体矿和石英分离。

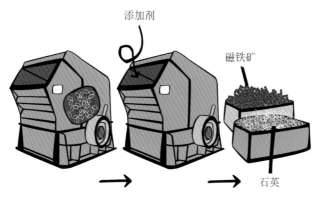

选矿流程

选矿的主要目的是：

（1）使矿物中的有用成分富集，让低品位矿中的矿石能得到经济利用。例如，含铁量为30%的贫铁矿经过选矿工艺后可得到含铁量为60%的铁精矿。

（2）分离两种或多种有用矿物成分。比如，铜、铅的硫化物经常伴生在一起，经过选矿工艺后可以将其分离，从而得到铜精矿和铅精矿。

（3）除去物料中的有害成分，降低冶炼或其他加工过程中的消耗。比如，铁精矿中的有害杂质硫和磷经过选矿，一部分或大部分可被除去。再如，高岭土中影响其白度的铁、钛等矿物，也可通过选矿降低其含量，达到标准要求。

（4）选矿试验所得数据，可以作为矿床评价及建厂设计的依据。

随着磁性液体的出现，其良好的流动性、悬浮特性、磁场响应特性在矿物、颗粒的分选分离中有着很好的应用。历史上有许多国家的研究人员都对磁性液体分选矿物进行过研究，并取得过不错的成果。例如俄罗斯科学家将磁性液体用于砂金的分选，使黄金的回收率达 98% 以上，并且用于采集处理的时间大大减少；日本某公司将

铁矿石将水染红

磁性液体用于宝石的萃取，大大提高了萃取速度；中国科学家研究了磁性液体矿物分选装置，并对其工作原理进行了分析。这些研究推进了磁性液体在选矿领域的应用进程。

　　磁性液体分选矿物是几十年前发展起来的技术。磁性液体在非磁性矿物分选方面的应用是基于其一阶浮力原理。当磁性液体处在磁场中时，随外加磁场的改变，其密度会发生变化，变化范围为 1.3 ～ 21 克每立方厘米。施加不同的外加磁场，可以将不同密度的非磁性物质悬浮起来。同时，在不均匀外加磁场作用下，磁性液体被磁场高的一侧所吸引，由于磁性液体的流动性，置于磁

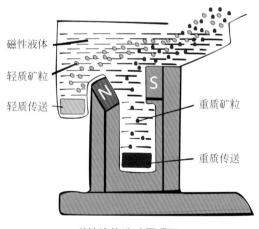

磁性液体选矿原理图

性液体中的非磁性物质向磁场低的一侧漂浮，从而实现了矿物的筛选与分离。

磁性液体选矿分为磁性液体动力选矿和磁性液体静力选矿，两者之间的区别如下表所示。

磁性液体静力选矿和动力选矿对比

	原理	特点	分选类别
磁性液体动力选矿	在磁场与电场的共同作用下，以强电解质溶液作为分选介质，利用矿粒之间的密度、比磁化率和导电率的差别使不同矿物分离	（1）历史较长、技术较成熟；（2）处理能力高达每小时几十至几百吨，成本低，但是分选精度亦低；（3）强电解质溶液均可作为分选介质，例如NaOH 溶液、NaCl 溶液等	煤、锰和铁矿石
磁性液体静力选矿	磁性液体的密度会随外加磁场的改变而发生变化，因而可通过施加不同的外加磁场将不同密度的非磁性物质悬浮起来	（1）分选密度大、成本低、电耗小、无噪声、无污染、分选效率高且精度高；（2）设备简单，操作维护方便，易于实现自动控制	（1）被分选颗粒一般均要求为非磁性颗粒；（2）不宜分选煤泥含量高的物料及过细物料

磁化率

表征物质在外磁场中被磁化程度的物理量。

 导电率

表示物质传输电流能力强弱的一种测量值。

磁性液体静力分选法可以对多种矿石进行分选，其中主要用于分选有色、稀有和贵金属矿石，如锡、锆、金矿等；黑色金属矿石，如铁、锰矿等；煤和非金属矿石，如金刚石、钾盐等。它还可从工厂金属废料或废旧汽车碎片中回收有色金属及其合金，如锻、锌、铜等；在岩矿鉴定中可替代重液分离，并用于浮选精矿尾矿的快速分析等。这种分选法对稀土、贵金属矿物产品的提纯最为有效。

2. 惯性阻尼器

日常生活中，往往存在一些有害的振动。比如，车辆经过凹凸不平的路面时会产生颠簸振动。这种振动不仅会让车内人员感到不舒服，而且还可能导致原本连接牢固的零件产生松动，甚至破坏。

在航天航空、军工、枪炮等领域，这种消极振动也是要极力避免的。为此，人们不断探索寻找减小这种有害振动的方法，并最终提出了利用摩擦力和其他阻碍作用来减小振动的方法，即利用阻尼器来减小振动。我们将能够提供运动阻力，耗减运动能量的装置称为阻尼器，磁性液体惯性阻尼器就是其中的一种。

磁性液体惯性阻尼器主要由以下几个部分组成：一个不导磁的惯性质量块，一个安装了永磁体的轮毂（又叫轮圈）以及一定量的磁性液体。

磁性液体惯性阻尼器的基本原理就是在轮毂与非磁性惯性质量块的间隙中注入磁性液体，在永磁体的作用下，使得非磁性惯性质量块和永磁体之间形成一层磁性

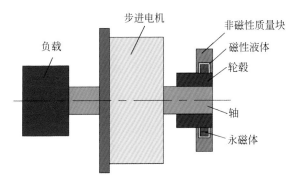

磁性液体惯性阻尼器在步进电机中的应用

液体层，从而使该非磁性惯性质量块悬浮在磁性液体层上。这样就使磁性液体具有了类似于液体滑动轴承的功效，起到了缓冲减振的作用。而且，在永磁体的作用下，磁性液体不会发生泄漏。

在实际应用时，需将轮毂与电机的转轴固定。当电机加速或减速时，非磁性惯性质量块可使得稳定时间大幅度缩短，同样也可抑制电机在其共振频域的振幅。当电机匀速转动时，由于轮毂和非磁性质量块是同时回转的，因此几乎没有能量损失。目前，磁性液体惯性阻尼器使用十分广泛，在高精度搬运系统、医疗机器、机器人等领域都有应用。

在前面我们介绍了磁性液体的一阶浮力原理和应用，那什么是磁性液体的二阶浮力原理呢？它与一阶浮力又有什么区别呢？

我们可以通过一个小实验来探究磁性液体的二阶浮力原理。将一定量的磁性液体倒入烧杯容器中，然后将一块磁铁放到盛有磁性液体溶液的容器中，我们会惊喜地发现磁铁并不会沉到烧杯底部，而是会悬浮在磁性液体中，最终磁铁会悬浮在烧杯水平方向的中间偏下位置。这种就是磁性液体的二阶浮力原理，即密度比磁性液体大的永磁体会悬浮于磁性液体当中。

 磁性液体的二阶浮力原理

　　密度比磁性液体大的永磁体能够稳定悬浮于磁性液体当中。

磁性液体二阶浮力原理图

　　磁性液体二阶浮力的本质是，当永磁体靠近容器底部时，其下表面在磁性液体中的磁力线由于难以进入导磁能力低的容器底面而被压缩，导致其下表面磁力线密度增加。磁力线越密集，其产生的磁力就越大。因此，永磁体上下表面的磁力线疏密差异会导致其上下表面产生压力差。如果永磁体上下表面的压差小于重力，它会

继续向下沉，继续压缩磁力线，直至上下表面的压差与
重力平衡。同样的道理，磁性液体中的永磁体也不容易
靠近容器壁面。最终永磁体会稳定悬浮于磁性液体中。

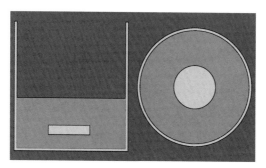

永磁体悬浮在磁性液体中的 X 射线照片
（左图为侧视照片，右图为俯视照片）

　　磁性液体一阶浮力原理和二阶浮力原理最本质的区
别在于提供磁场的方式不同。一阶浮力原理中的磁场由
外部永磁体或电磁铁产生，而二阶浮力原理中的磁场则
由永磁体自身产生。

　　人们基于磁性液体二阶浮力原理，设计了新型减振
器和发电设备等产品。

　　3. 减振器

　　自然界中有各种各样的流体，比如水、植物油、花
生酱等，把它们放到一个稍微倾斜的平面上时，有的可

以轻易流动，有的却很难。这是因为所有流体在有相对运动时都要产生内摩擦力。这种特性是流体的一种固有的物理属性，可以评价液体流动的难易程度，被称为流体的黏滞性或黏性。

了解了流体的黏滞性，我们再来看看基于磁性液体二阶浮力的减振器到底是如何工作的，其原理是什么。下图就是基于磁性液体二阶浮力原理的减振器原理图，图中包含非导磁的轻金属外壳、磁性液体、永磁体三部分，其中永磁体浸在充满磁性液体的非导磁容器中。

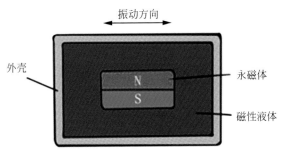

磁性液体减振器原理图

根据磁性液体的二阶浮力原理，永磁体不易与外壳发生接触，会稳定悬浮在磁性液体中。将减振器外壳固定在需要减振的物体上，当物体发生加速度变化的往复振动或旋转振动时，永磁体与外壳之间的速度会产生差异。永磁体与壳体将产生相对运动，即永磁体会在磁性液体中进行黏性剪切运动。利用磁性液体的黏滞性和运动时产生的阻力，将导致振动的能量消耗掉，进而达到减振的效果。

研究人员通过仿真分析了磁性液体、永磁体以及减振器结构对减振器减振性能的影响，并进行了大量的弹性悬臂梁减振实验，最终设计出了减振性能良好的磁性液体二阶浮力阻尼减振器。相关研究结果表明，磁性液体阻尼减振器在所有频率上都对弹性悬臂梁的振动具有减小作用。在安装减振器前后，弹性悬臂梁振动的衰减速度都随着振动频率的增大而增大，随着初始振动幅度的增大而增大。对于同一磁性液体阻尼减振器，当弹性悬臂梁振动频率小于 1 赫兹时，减振的效果最佳。

4.发电设备

在我国，大部分电能都通过火力发电获得，即将煤炭的化学能转化为电能。但煤炭的燃烧导致了大量的碳排放以及粉尘污染。因此，国家一直积极鼓励研究开发新型发电设备。利用磁性液体发电是人们提出来的一种新型发电模式，具有效率高、环境污染小等优点。

众所周知，电能在生产和使用过程中比其他能源更容易控制，因此被誉为最理想的二次能源。发电则是把水能、石化燃料的化学能、核能、太阳能、风能等能源转化为电能，以满足我们的生活需求。法拉第用伏打电池给一组线圈通电时，意外地发现这样做能使另一组线圈获得感应电流，由此打开了电能世界的大门。其中感应电流指的是，闭合电路的部分导体在磁场中包围的磁通量发生变化时，电路中会产生感应电流，即电磁感应现象。

风能发电

到了现在，感应电流又有了新的应用。从下文的发电机工作示意图中，我们可以看到左侧测试管道两侧放置着永磁体，使测试管道处于匀强磁场中。用导线将电极上下两端与外接负载（用电设备，例如小灯泡、小风扇等）连接，磁性液体经测试管道流下，经过匀强磁场时，可作为导电流体做切割磁感线运动，使得电极两端产生电势差，从而产生感应电流，为负载设备提供电能。

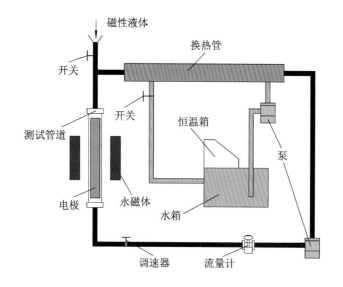

磁性液体发电机工作示意图

为了保证磁性液体在测试管道中恒温流动，整个循环系统通过恒温器和换热管调节温度。与换热管相连的恒温器可以用来控制恒温器下水槽内水的温度。水槽中的水和换热管外筒里的水进行不断循环，可以保证经过

换热管内筒的磁性液体的温度和恒温器的温度一样，进
而确保磁性液体在测试管道内恒温流动。其中，泵的
功能是将下方流体抽到上方，调速器的功能是调节管道
内磁性液体的流速，流量计的功能是记录磁性液体的
流量。

除了上述这种磁性液体发电的装置，人们还提出了
另一种磁性液体发电装置，即基于磁性液体二阶浮力原
理的振动发电装置。该装置通过永磁体在三维空间的悬
浮运动，将振动的机械能转化为电能。

基于磁性液体二阶浮力原理的振动发电装置原理如
下页图所示。其中在非导磁性耐冲击材料构成的容器中，
装有高浓度、高稳定性、低黏度（矿物油基）的磁性液
体。利用磁性液体的二阶浮力原理，永磁体悬浮于磁性
液体中央，且被特定的减阻材料包覆。容器上下两端放
有线圈并与中部的磁性液体隔离，线圈测试端与负载（用
电设备）连接形成回路。线圈测试端口固定于容器外壁，
该端口可检测线圈的发电状态。线圈内部添加铁芯，铁
芯底端有霍尔元件，霍尔元件的引线端口固定在容器外
壁，该端口可检测磁场变化。

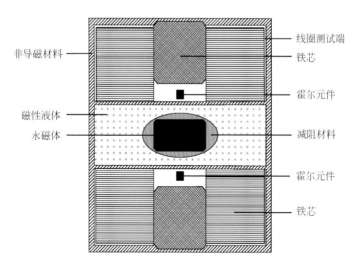

非导磁材料

线圈测试端

铁芯

霍尔元件

磁性液体

永磁体

减阻材料

霍尔元件

铁芯

基于磁性液体二阶浮力原理的振动发电装置

　　该装置接收到外界的振动时会引起永磁体与线圈的相对运动，使线圈回路的磁通量发生变化，从而产生感应电动势，形成感应电流，为负载设备供电。此为一个发电单元，若将多组发电单元连接，即可实现阵列化发电。内部永磁体的振动频率越快，穿入线圈的磁通量随时间的变化率越大，对应的输出电压越大。

　　此装置可为家庭式间歇使用的电子产品供电，也可将其置于特定环境中，间接消除振动能，将有害能量转化为可利用资源。而且其内部没有固定连接结构，只是简单悬浮，只要容器的抗冲击能力强，一般不会造成发电体系的损坏。

 磁通量

　　设在磁感应强度为 B 的匀强磁场中，有一个面积为 S 且与磁场方向垂直的平面，磁感应强度 B 与面积 S 的乘积，叫作穿过这个平面的磁通量，简称磁通。

微乎其微的阻尼力

　　阻尼的物理意义是力的衰减，或物体在运动中的能量耗散。通俗地讲，就是阻止物体继续运动。通常情况下，阻尼可以理解成阻力。在机械振动系统中，因摩擦生热，系统部分机械能转化为无用的内能，导致整个系统效率降低。因此，要提高机械系统效率，就必须考虑如何降低摩擦阻力，减小能量损耗。

　　磁性液体作为一种新型的功能材料可以充当润滑剂，减小机械运动时的摩擦阻力。磁性液体黏性减阻技术更是一种新的降低阻尼力的方法。

1. 磁性液体应用于润滑

由于摩擦的存在，当两个表面存在相对运动并产生接触时，接触面会受到一定的磨损，比如穿久了的鞋子，底部的花纹会被磨平。因此在很多情况下，人们会想方设法地减小摩擦。经过长期思考，人们找到了减小摩擦的方法，即在两个摩擦面之间添加一些光滑柔顺的物质，也就是所谓的润滑剂，而这种方法则被称为润滑。

　　润滑是摩擦学中重要的研究内容，它是一种通过改善摩擦副的摩擦状态，降低摩擦阻力，减缓磨损的技术措施。通常可通过添加润滑剂来实现润滑。此外添加润滑剂还有密封、防锈、减振等作用。

 磁性液体润滑原理

　　作为一种新型的润滑剂，磁性液体可降低运动副之间的摩擦力，并且利用磁场可以使磁性液体保持在润滑部位。在润滑过程中，磁性液体能够抵消重力和向心力等影响，使设备不发生泄漏，阻止外界污染物进入被润滑部位。

 运动副

　　机器中每一个独立的运动单元体称为一个构件。两构件直接接触，并能产生相对运动的活动联接称为运动副。

润滑剂是一种非常重要的物质，它不仅能够减少接触表面之间的摩擦磨损，还能对摩擦副起到冷却、清洗和防止污染等作用。选用润滑剂时，一般需考虑摩擦副的运动情况、材料、表面粗糙度、工作环境和工作条件，以及润滑剂的使用性能等多方面因素。

 摩擦副

相接触的两个物体产生摩擦而组成的一个摩擦体系称为摩擦副。

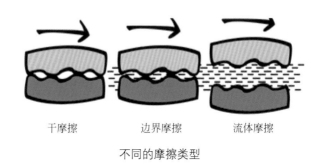

干摩擦   边界摩擦   流体摩擦

不同的摩擦类型

在机械设备中，为确保各系统能够顺畅运行，润滑是必不可少的，所以经常需要在运动副间添加润滑剂。当润滑剂处在需要润滑的部位时，运动副间的摩擦阻力将被大幅降低。但运动副间的相对运动经常导致润滑剂发生"错位或逃逸"，即润滑剂脱离润滑部位或产生泄漏。

润滑油润滑齿轮组

因此，在工业生产中许多需要润滑的部位常常配有专门的提供润滑剂的设备。这样一方面增加了润滑成本，另一方面泄漏的润滑剂也浪费了能源。于是，人们开始不断探索防止润滑剂流失的措施。

磁性液体可以根据不同的基载液充当不同环境的润滑剂，使运动副之间的摩擦阻尼减小，提高系统的效率。因为磁性液体受磁场吸引，所以只需要施加一个合适的磁场，就能有效地防止磁性液体润滑剂产生"错位或逃逸"情况，让其始终保持在需要润滑的部位。同样的，因为磁场力作用，磁性液体润滑剂在润滑过程中可抵消重力和向心力的影响，不会发生泄漏，并能阻止外界尘埃等进入润滑部位，防止污染。采用磁性液体作为润滑剂具有结构简单、维护方便、使用可靠等优点。它可用于曲轴、齿轮、轴承以及其他任何具有接触面的运动系统，并可使零件的耐磨性提高 7 ~ 9 倍。

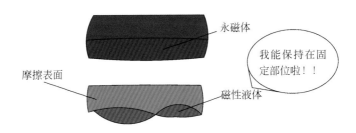

磁性液体润滑示意图

当物体沿着圆周或者曲线轨道运动时，会产生一种指向圆心（曲率中心）的合外力作用力，称为向心力。"向心力"一词是根据这种合外力作用所产生的效果而命名的。

现有的研究表明，部分纳米颗粒可作为润滑油脂添加剂而起到减磨、抗磨和降压的作用，这充分体现了纳米材料在润滑领域有着非常广阔的应用前景。磁性液体中的固体磁性颗粒的尺寸仅有 10 纳米左右，不仅不会损坏零部件，且相较于其他润滑剂还有着许多独特之处：

（1）固体磁性颗粒是球形的，这种形状使得它们在接触表面润滑时，像是一个个"分子轴承"在工作，从而提高了润滑性能。

（2）磁性液体润滑剂具有自补偿修复的作用。磁性液体中的固体磁性颗粒的尺寸是非常小的，往往比工件表面的微裂纹还小。因此可以通过磁场，控制固体磁性颗粒填充到工件表面的损伤处、凹坑和微裂纹部位，起到自补偿修复的作用，在一定程度上实现零磨损。

（3）磁性液体在润滑过程中润滑状态稳定，在接触区内不会出现无润滑摩擦，同时又可防止泄漏和外界的污染。因此，在一些工业发达的国家，磁性液体已广泛用于润滑。

至今，磁性液体作为润滑剂已有 50 多年历史，在许多领域都有新的研究成果，目前关于磁性液体润滑的研究还在深入开展。

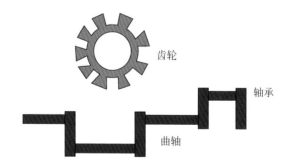

磁性液体润滑应用于曲轴、齿轮、轴承

　　磁性液体作为润滑剂具有以上诸多的优点，同时还能起到密封的作用，所以很有必要使其得到更为广泛的应用。近几年来，磁性液体润滑剂通常被用在滑动轴承上，不仅起到了自润滑和密封的作用，还有效地延长了轴承的使用寿命。研究人员经过实验后得到了一个结论：在转速较低的情况下，磁性液体润滑剂的摩擦系数大于传统润滑油的摩擦系数，此时不宜采用磁性液体作为润滑剂。但在外加磁场条件下，磁性液体润滑具有明显的优势，如摩擦系数小、发热少等，大大延长了轴承的使用寿命。

不同类型的轴承

轴承电机中的磁性液体润滑

随着现代硬盘技术的飞速发展，人们对硬盘转速的要求不断提高，而转速的提高对电机性能提出了更高的要求。目前，一些专业硬盘厂商已经在其主流产品中使用了磁性液体润滑轴承电机来满足硬盘驱动器高转速、高稳定、低噪声的要求。

　　磁性液体润滑轴承原理如下图所示。它具有双重密封结构，即由磁性液体与永磁体组成的磁性液体密封结构，以及利用磁性液体本身黏性和螺旋密封槽形成的黏性密封结构。这种双重密封结构性能可靠，能够确保磁性液体不泄漏，为硬盘驱动器实现高转速、高稳定等要求提供有力保证。

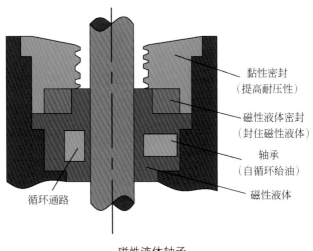

黏性密封
（提高耐压性）

磁性液体密封
（封住磁性液体）

轴承
（自循环给油）

磁性液体

循环通路

磁性液体轴承

　　当轴旋转时，轴与轴承之间被磁性液体包围而产生动压，将轴支撑起来。轴承内壁设有沟槽与外部相通，构成了完整的磁性液体循环回路。这种循环给油的方式能够保证磁性液体的冷却和润滑，延长轴承的使用寿命。

　　在磁性液体润滑轴承中，轴与轴承之间被磁性液体隔开，轴悬浮在磁性液体中不与轴承发生直接接触。因此，轴与轴承之间的摩擦力几乎不变，轴的回转精度大幅提高。

轧机油膜轴承中的磁性液体润滑

　　轧制指的是在机械工业生产中加工金属的一种方法。即让金属坯料通过一对旋转转轴的间隙，在压力的作用下使材料截面减小、长度增加。我们常见的钢材一般是通过这种方法来生产的。而轧机就是实现金属轧制过程的设备，下图为金属在轧机中的轧制过程。

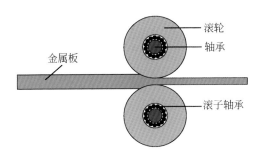

金属轧制过程中的轧机

轧机轴承的工作条件比较恶劣，轧机工作性能能否有效发挥在很大程度上取决于轴承的润滑情况。轧机轴承采用的润滑方法主要有脂润滑和油润滑。其中，油润滑的流动性比脂润滑更强，可以带走轴承中的污物和水分，并且对轴承具有一定的降温效果。而

添加润滑剂

脂润滑不仅可以润滑轴承，还能够起到密封作用。

油膜轴承是常见的轧机轴承，它是基于流体动力润滑原理的滑动轴承，即依靠轴与轴承之间的相对运动，使介于轴与轴承间的润滑流体膜内产生压力，将轴支撑起来避免与轴承接触，从而起到减少摩擦阻力和保护轴承表面的作用。虽然这种滑动轴承主要零件的加工精度、表面粗糙度以及各种相关参数的匹配都非常理想，但使用润滑油润滑时要求有非常好的润滑密封，这提高了轴承的加工难度，进而增加了其生产成本。此外，采用该方法润滑还需要配备较大的供油润滑系统。

磁性液体的出现给轧机油膜轴承润滑剂的选择提供了新方案。使用磁性液体来润滑轧机油膜轴承，并结合

先进制造技术，不仅可以降低轴承的维护费用，还能大大延长轴承的使用寿命，从而降低成本。

利用磁性液体润滑轧机油膜轴承的优点在于：

（1）磁性液体具有良好的稳定性，物理、化学性质不会轻易发生改变，能够很好满足轧机油膜轴承在各种环境下的润滑工作。

（2）磁性液体有着良好的磁场响应性，可以通过磁场控制磁性液体在短时间内改变黏度以满足油膜的承载力，使在不同工况下的轧机轴承都保持稳定工作。

（3）磁性液体在磁场的作用下能始终保持在需要润滑的部位，避免因润滑剂流失导致润滑性能下降，并防止外界杂物和水对轴承造成污染。

磁性液体润滑

（4）磁性液体的固体磁性颗粒极其微小，甚至比轴承表面的裂纹更小。因此，可以通过磁场控制固体磁性颗粒到裂纹处修复轴承摩擦表面的损伤，实现轴承的动态零损伤。

2. 磁性液体应用于黏性减阻

磁性液体黏性减阻原理

　　磁性液体在磁场的作用下能够附着在仪器设备边界的表面，用柔性的边界面替代刚性边界面，从而减小边界面上的剪力，减小由于剪力做功导致的能量消耗，达到减阻目的。

　　你知道吗？流体都是有黏性的。比如我们常见的油、醋、酒、水等液体。不同的流体黏度通常都不一样，比如水和空气黏度就比较小，在研究流体运动的某些现象时，往往可以忽略它们的黏性，而这种理想化的流体就叫作理想流体或无黏性流体。但有时候，即便流体的黏性很小，如果长时间克服黏性阻力做功，其导致的额外

高速行驶的列车

能量损耗也会非常大。比如，高速行驶的列车因空气阻力导致的能量损耗就非常大。

因此，长期以来，在涉及黏性流体流动的领域时，人们一直在寻求减小流体阻力的方法。磁性液体的诞生催生了一种新的减阻技术，即磁性液体黏性减阻技术。磁性液体黏性减阻有内部流动减阻和外部流动减阻两种形式，如下图所示。

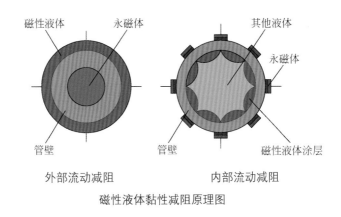

磁性液体黏性减阻原理图

通过外磁场使磁性液体附着在物体边界表面，这种技术以柔顺的边界面代替坚硬的边界面。磁性液体边界面上的流速会随着流体的流动而发生同步变化，使得边界表面具有一定的流速，而不是零。这样就能减小边界面上的剪力，减小由于剪力做功而消耗的能量，达到减阻的目的。

通常磁性液体黏度越低，交界处阻力越小，减阻效果也越好。有必要指出，磁性液体与所输送的液体不能相溶，这一点对磁性液体黏性减阻的应用至关重要。

磁性液体黏性减阻技术的优点

优点	说明
适用范围广	适合输送多种不同黏度的液体以及软的固体
效果明显	在其他条件相同时，同一管道在使用磁性液体黏性减阻时，其流量明显高于不使用磁性液体时的流量
结构简单	不需要体积笨重的辅助设备
节省能量	如果采用永磁体产生的磁场使磁性液体涂层保持稳定，一般情况下在一次充磁后磁性不会下降，不需要稳定的能量消耗，因此节省了能量
寿命长	只要磁场结构设计正确，磁性液体涂层厚度适当，在使用过程中，涂层就不会发生变化。理论上，磁性液体减阻涂层可以长期存在
可控性好	通过电流产生磁场的变化，提供了一个可控的磁性液体光滑柔顺的表面，减少了边界面处的流速梯度，增加了边界层的厚度，消除了粗糙度

📋 **梯度**

物理量（例如速度、磁场）沿着变化最快的方向，其单位位移的变化量。这里的流速梯度是指流速变化的大小。

　　磁性液体的黏性减阻有着良好的性能，这使其拥有广泛的应用前景。在船舶航行方面，它可以降低航行阻力和噪声，提高航速和声呐信噪比，降低动力消耗。这里所说的信噪比，从狭义来讲是指同一时刻，放大器的输出信号功率与输出噪声功率的比值，常常用分贝表示。设备的信噪比越高表明它产生的噪声越少。一般来说，信噪比越大，说明混在信号里的噪声越小，声音回放的音质越高。美国和俄罗斯由于军事需要，竞相研究磁性液体涂层减阻，并成功应用到潜艇推进器上，大大提升了潜艇的隐蔽性和推进速度。

磁性液体黏性减阻应用于船舶

　　鉴于磁性液体具有以上优良的性能，不得不说，无论是在轴承润滑还是黏性减阻方面，磁性液体都发挥着其他材料不可替代的作用，有着更为广阔的应用前景。

坚定不移的承载力

静动压轴承技术是机床领域中的一项成熟技术。传统的静压轴承由两个滑动表面组成，由一层薄油膜隔开，润滑剂由泵抽取，以恒定的流量流过间隙。

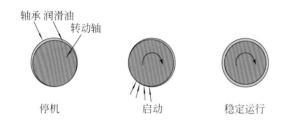

不同阶段轴承内的液体膜分布情况

随着机床加工精度的日益提升，人们对高精度、高效率以及表面粗糙加工要求的不断提高，静动压轴承技术的重要性也不断提升。液体静动压轴承转子系统实际上是一个输入输出都较多的非线性复杂系统，要对该系统进行准确无误的实时控制难度非常大。也就是说，这个系统的输出不与其输入成正比，它是非线性的。

从数学上看，非线性系统的特征是叠加原理不再成立。叠加原理是指描述系统的方程的两个解之和仍为其解。（其中，叠加原理可以通过两种方式失效。其一，方程本身是非线性的；其二，方程本身虽然是线性的，但边界是未知的或运动的。）如何得到既准确表达，又满足实时控制要求的系统模型，是目前研究的热点和难点问题。

而磁性液体静动压轴承最大的优点在于：轴承的稳定可以在不使用非线性控制系统的情况下实现，即不需要实时根据不同工作阶段来调整流量等相关参数，就能实现稳定的承受载荷。磁性液体静动压轴承通过绕组电磁线圈产生外磁场，受磁场的影响，磁性液体的力学性能发生改变，进而实现轴承的稳定承载。

磁性液体静压轴承的承载能力来自磁性液体表面磁场梯度所产生的压力。该压力可用流体静力学的主要方程来描述：

$$\nabla p = \rho \boldsymbol{g} + \mu_0 M \nabla H$$

在这个公式中，等式左边表示磁性液体所产生的压力；等式右边则表示产生压力的相关量，ρ 表示磁性液体的密度；$\boldsymbol{g}$ 表示地球的重力加速度；μ_0 表示真空磁导率；M 表示磁性液体的磁化强度；H 表示外磁场产生的磁场强度。

由于转子和定子间存在一定距离，因此在实际运行

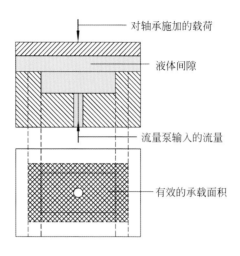

对轴承施加的载荷

液体间隙

流量泵输入的流量

有效的承载面积

液体静压轴承模型

中容易出现静力过大或过小的现象，这就要求对转子进行调平处理，从而提高其承载能力。目前国内外对于转子振动调整的方法主要有两种：一种是将静态平衡法与动态平衡法相结合；另一种则采用基于磁路理论的改进设计技术。

　　虽然磁性液体静动压轴承与传统的动静动压轴承相比，所能承受的载荷相对更小，但研究表明，采用先进的轴承几何结构，可以显著提升磁性液体静动压轴承的承载能力。目前磁性液体静动压轴承在工业过程控制系统、精密机床以及仪器仪表设备等方面都有着良好的应用。

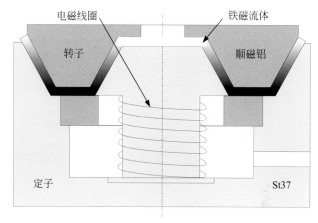

静压轴承实验装置模型图

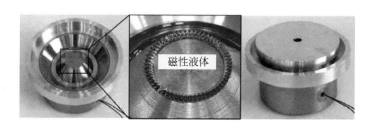

磁性液体轴承实验图

第 4 章 | 多变的光效应

你是否存在过这样的疑问，那就是为什么在太阳下穿着黑色衣服会比穿白色衣服更热，且更容易出汗呢？

不同颜色的衣服

 磁性液体光学应用原理

由于磁性液体中的固体磁性颗粒分布情况在有无磁场下存在差异，导致磁性液体对光的折射率不同。因此，可以通过控制磁场的强弱和分布来改变磁性液体的透光性和反光性，进而实现光学传感器和光控开关的功能。

事实上，这是因为太阳光本质上是一种电磁波。电磁波根据波长或者频率可分成 γ 射线、X 射线、紫外线、可见光、红外线、无线电波，等等。而物体所呈现的颜色是其反射光线和吸收光线的结果。黑色能够把不同颜色的光线都吸收进来，白色则能把不同颜色的光线都反射出去。而不同颜色的光线往往带有不同的能量，吸收更多的光线通常代表吸收了更多的能量。因为黑色衣服吸收的能量比白色的多，因此我们会觉得穿黑色衣服更热。那么，黑色的磁性液体，是否也像黑色衣服一样能够把不同颜色的光都吸收呢？

　　实际上，黑色的衣服与看起来是黑色的磁性液体存在很大差别。磁性液体虽然看起来是黑色的、不透明的，但如果只取一层极薄的磁性液体膜，就会发现它并非是纯黑色的，而是能够透光的。通过前面的介绍，我们知道了磁性液体是由固体磁性颗粒、表面活性剂和基载液组成的。而磁性液体之所以对磁场非常敏感，是因为磁性液体中的固体磁性颗粒对磁场尤为敏感，极易受到磁场影响。

　　在没有磁场作用时，磁性液体中的固体磁性颗粒均匀地分布在基载液中，因此磁性液体各个方向上的光学特性是一致的。但当磁性液体受到磁场作用时，固体磁性颗粒就像被投喂了食物的鱼群一样，分布迅速发生改变，沿着磁感线方向定向排列。而固体磁性颗粒分布的变化会使磁性液体的光学特性也随之改变。

因此，磁性液体薄膜能像一些晶体一样，具备偏振、双折射等性质。通过调节磁性液体薄膜的厚度和磁场参数，可以控制磁性液体的偏振和双折射的性质，达到与普通晶片相同的光学特性。

鱼群朝着食物的方向聚集

磁性液体独特的光学特性，一经发现就受到了国内外众多专家学者的广泛关注。目前这一特性在印刷防伪技术、光纤传感器以及光控开关等领域有着广泛的应用。

改进印刷防伪技术

随着印刷业的飞速发展和日益增长的印刷需求，印刷防伪技术在银行支票、钞票、护照以及产品外包装的印刷过程中变得尤为重要。加入含有磁性物质的油墨后，可以形成磁性防伪油墨。通过这种油墨印刷出来的标志和图案能够产生磁信号，进而记录和读取特定信息，从而实现防伪功能。磁性油墨一般由颜料、黏合剂、填料和磁性液体的纳米磁性固体颗粒组成。常见的纳米磁性固体颗粒有四氧化三铁、氧化铁、钴铁氧体等，它们能够均匀地溶解在油墨里，且在磁场中可以有序排列，同时又不影响印刷效果。

磁性油墨从 20 世纪 60 年代开始就在银行、邮政等行业中使用，当时主要用于银行对票据的自动处理和邮政对信件的自动分拣，且仅限于黑色油墨。

磁性光变油墨是一种常见的纳米磁性油墨，可以通过施加外部磁场控制其位置，从而使其在印刷纸张上产生特定的光学效果。比如，在人眼视角变化的时候，油墨的颜色、明暗度以及条纹等都会发生变化，因此可以在不使用任何专业检测设备的情况下实现光学防伪，让非专业人员也可以直观地辨别出纸张的真伪。这种印刷技术特别适用于纸币印刷场景。

纸质货币

磁性液体光纤传感器

光纤传感器可将来自光源的光经过光纤送入调制器，使待测参数与进入调制区的光相互作用，从而使光的光学性质（如光的强度、波长、频率、相位、偏振态等）发生变化，成为被调制的光信号。在光信号经过光纤进入光探测器后，人们可以通过解调，最终获得被测参数，完成测量。

磁性液体光纤传感器是一种新型传感技术，主要应用于监测有毒有害气体，且具有实时在线检测的功能。目前，国外已经对磁性液体光纤传感器进行了深入的研究和开发，国内也在积极地推进这项技术的研发进程。相较于一般光纤传感器，利用磁性液体的光学特性制成的光纤传感器具有抗干扰性强、小巧、灵敏度高等优点，受到了国内外学者的广泛关注。

2015 年，我国科学家将单模光纤拉锥，并在光纤的输出端口外加了一个反射镜。与反射镜结合的磁场传感器如下图所示。通过监测其反射谱在不同场强下的变化，测得该磁场灵敏度为 174.4 皮米每奥斯特，具有很高的精度。

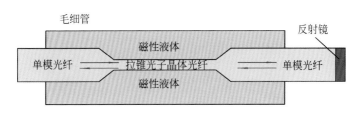

磁性液体光纤传感器原理图

磁性液体光控开关

在日常生活中，我们经常会碰到声控灯和光控灯，而它们的本质都是通过某种物理量的变化来实现开关状态的切换（打开或闭合）。比如，光控灯是根据光线的强弱来控制灯的开关。一旦光线的强度达到或降到一定数值，开关就会自动关闭或打开，实现关灯或开灯。

因为磁性液体在有无磁场下的透光性存在巨大差异，因此我们可以通过磁场来控制磁性液体的折射率，而折射率的改变又会影响透射光和反射光的能量分布，进而达到光控开关的效果。磁性液体光控开关的原理如下图所示。

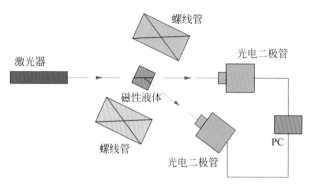

磁性液体光控开关工作原理图

当螺线管未通电时，不会产生磁场。磁性液体处于无磁场环境，激光器发出的激光直接照射在水平的光电二极管上，使得 PC 端开启（或关闭）。当螺线管通电时，将产生磁场，磁性液体受磁场影响，内部固体磁性颗粒的分布发生改变，导致激光照射角度偏移。光线被引向下方的光电二极管，进而使 PC 端关闭（或开启），实现开关的功能。

第5章 | 高效的电信号变换站

磁性液体电学应用原理

　　由于磁性液体中存在大量的固体磁性颗粒，因此它对磁场响应的灵敏度非常高。当有其他变量导致磁场发生改变时，磁性液体中的固体磁性颗粒分布也会产生变化，因此可以利用这点将其他非电信号高效地转化为电信号，即制作成磁性液体传感器，如微压差传感器、倾角传感器和加速度传感器等。

　　当我们在山坡上漫步时，能看到山川、河流、树木、飞禽走兽，能闻到花香，能听到风声、泉声、虫鸟声。

用放大镜观察生物

而这都归功于人体发达的五官，能让我们获取自然界中的各种信息。

　　但五官通常只能获取一些比较直观的信息，难以获取一些抽象的信息。比如，我们能听见鸟叫声，但难以知道鸟叫声有多少分贝；我们能看到鸟在天空飞，但难以知道鸟飞行的速度。因此，为了获取这些抽象的信息，人们需要借助其他工具，于是传感器就应运而生了。

传感器，也被称为电五官，是我们感知世界的重要工具，被广泛应用于我们的日常生活以及工业生产中。

传感器助力感知世界

在工业生产中，人们往往需要实时掌握机械设备的运行状态，但迫于某些因素我们无法直接对元器件状态进行监控，这就需要借助传感器来协助我们做到这一点。以冶金工业为例，为确保冶金质量，我们需要实时掌握冶金炉内温度的情况，而冶金炉中的温度往往高达数千摄氏度，无法直接测量，因此需要借助温度传感器来获取炉内温度。

传感器在锅炉中的应用

传感器实际上是一种能进行信息采集和转换的装置，它能将不便测量的物理量（一般为非电信号）转换成方便测量的物理量（一般为电信号）。如压力传感器是利用了部分导体的电阻值会随着压力的变化而变化这一特性，将压力这种非电信号采集并转换成电阻这一电信号，以便我们读取。

磁性液体传感器作为一种新型的传感器，为传感器的发展提供了一个新方向。美国、法国、德国、俄罗斯、日本及罗马尼亚等国很早就认识到磁性液体传感器所具有的重要意义并开展了许多研究工作，申请了大量相关专利。人们将磁性液体传感器应用在航空和航天中，较好地解决了多种复杂和恶劣环境中的探测难题。

　　此外，磁性液体传感器也被广泛应用于民用领域，下面我将向大家介绍几种常用的磁性液体传感器。

微压差信息转电信号

 磁性液体微压传感器

　　该传感器可获取由于微小压强差导致的电信号变化信息。

　　微小压强差又称微压差，其压力数值在正负 60 千帕范围内。微压差传感器具有高灵敏度、高精度等优点，被广泛地应用于航空国防、生物医疗和工业生产中。例如，当矿井通道中出现坍塌、火灾以及瓦斯气体泄漏等事故时，矿井通道中的压力将出现异常，这时需要利用微压差传感器测量矿井通道各处气体流量。又如，我们可以借助微压差传感器来检测皮肤下面肌肉活动的情况，进而检测出压力在不同方向上的变化情况，达到实时监测人体健康情况的目的。

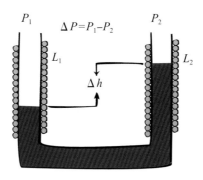

U形管磁性液体微压差传感器原理图

上图为 U 形管式磁性液体微压差传感器的原理图。U 形玻璃管内注有一定量的磁性液体。U 形玻璃管两端的压强分别为 P_1、P_2。当 U 形玻璃管两端的压强 $P_1 = P_2$ 时，U 形玻璃管两端的液面高度是相同的；当 U 形玻璃管两端的压强 $P_1 \neq P_2$ 时，U 形玻璃管两端会形成液面高度差。根据我们所学的物理知识，已知两端的液面高度差就能知道两端压强差。当知道其中一端的压强值后，我们就可以求出另一端的压强值。

但是当压强差引起的液面高度变化不明显或者高度差测量不方便时，我们将难以准确计算出 U 形玻璃管两端的压强数值。这时我们可以在 U 形玻璃管两管壁各均匀缠绕一组线圈，假设两端线圈的电感分别为 L_1、L_2。

这里所说的电感是闭合回路的一种属性，即当通过闭合回路的电流改变时，会出现电动势来抵抗电流的改变。如果这种现象出现在自身回路中，那么这种电感称为自感，是闭合回路自己本身的属性。假设一个闭合回路的电流改变，由于感应作用在另外一个闭合回路中产生电动势，这种电感称为互感。

初始状态时，$P_1=P_2$，$L_1=L_2$，当 U 形玻璃管两端的压强 $P_1 \neq P_2$ 时，两端压强差 $\Delta P=P_1-P_2$，U 形玻璃管两端的磁性液体液面产生一个高度差 Δh。此时，磁性液体在线圈中的位置变化导致两线圈的电感发生变化，这种电感变化通过电桥电路转化成电压值输出。在一定的测量范围内，电压值与压强差呈线性关系，所以通过测量电压值便可得到压强差。

这种基于磁性液体开发的新型压差传感器被广泛用于航空航天、管道运输、生物医学等领域。它能够实现对血管内压强差、管道泄漏前后压强差，以及飞机机翼侧壁压强差的测量。

左翼和右翼压力平衡我才能飞得平稳。

微压差传感器助力飞机平稳航行

水平信息转电信号

磁性液体水平传感器

该传感器可获取由于水平程度变化导致的电信号变化信息。

在工业生产中，往往要求设备在水平放置的条件下运行，因此需要一种能够测定设备是否处于水平状态的仪器。而水平仪就是一种常用的测量物体水平程度的工具。我们把水平仪放置在需要测量水平程度的表面上，观察水平仪内部的气泡位置就能判断被测表面的水平程度。但这种水平仪一般是通过肉眼来判断其是否处于水

平状态的。因此，其测量精度不高，无法满足一些精密
仪器对水平程度的测量要求。为此人们研发了一些精度
更高的水平传感器，磁性液体水平传感器便是其中的
一种。

测量墙壁的
平整度

测量地面的平整度

磁性液体水平传感器测量水平程度

　　磁性液体水平传感器，是一种能将测量表面倾斜
角度转变为电信号的装置。其结构主要包括圆柱形有机
玻璃管和激励线圈。圆柱形有机玻璃管为磁性液体水
平传感器的"骨架"。"骨架"中间部分均匀地绕着一
组激励线圈 Z_0。两组完全相同的感应线圈 Z_1 和 Z_2 对称
地缠绕在激励线圈的两侧且反相串联，用于输出电压差

U_{out}。

在玻璃管内注入一定量的磁性液体充当线圈的"磁芯"。当传感器处于水平位置时，磁性液体在玻璃管内均匀分布，玻璃管两端所产生的感应电压相等，即 U_{out} 的值为零。当传感器偏离水平位置发生倾斜时，在重力作用下，玻璃管内的磁性液体向低处流动，这样玻璃管两端的两组感应线圈所产生的感应电压不等，就会形成一个电压差，即 U_{out} 的大小不为零。在一定范围内，输出电压 U_{out} 和玻璃管的倾角近似呈线性关系，也就是对于不同的倾斜角，存在一个与之相对应电压差 U_{out}。因此，通过测量电压差 U_{out} 的值便可反算出倾斜角的大小。倾斜角越小，说明被测表面越接近水平。

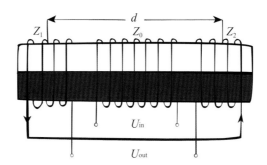

磁性液体水平传感器原理图

体积信息转电信号

 磁性体积传感器

　　该传感器可获取由于非导磁物质阻挡而导致的电信号变化信息。

　　对于长方体、球体等形状规则的物体，其体积可通过简单的测量计算得到。但对于形状不规则的物体，我们通常无法直接通过简单的测量计算就得到其体积。这时一般会采用类似于"曹冲称象"的方法来获取其体积大小，即在有刻度的烧杯中倒入一定量的液体并记录液面刻度，然后把不规则物体浸没到液体中并记录此时的液面刻度，得到物体浸没前后的液面刻度差，即可求出物体体积。

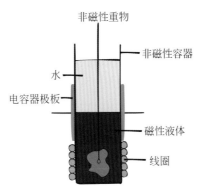

磁性液体体积传感器原理图

虽然该方法操作简单，只需要简单计算就能得出不规则物体的体积，但是该方法的液面刻度是靠肉眼读取的，存在一定的误差，无法满足精密测量的要求。因此，我们需要借助其他工具来准确测量被测物体的体积，即使用体积传感器进行测量。

上页图为磁性液体体积传感器的原理图。在非导磁容器底部注入一定量的磁性液体，再注入一定量的水。线圈缠绕于容器外壁底端，电容器极板和线圈组成振荡电路部分。当待测非磁性物体浸在磁性液体中时，磁性液体液面及水面会升高，从而使线圈电感变小而电容器电容变大。通过测量电感或电容的变化即可得到浸入物体的体积。

振荡电路

能产生振荡电流的电路叫作振荡电路，振荡电流是一种大小和方向都周期变化的电流。

倾角信息转电信号

磁性倾角传感器

该传感器可获取由于倾斜程度变化而导致的电信号变化信息。

在工业生产中，部分高精密仪器设备对于安装面的倾斜角度有着严格的要求，因此一般需要借助传感器来精准测量该表面倾斜角度。虽然磁性液体水平传感器可以测量某一范围内的倾角，但实际上其所能测量的倾角范围非常小。在倾角较大时，需要借助专用的磁性液体倾角传感器。

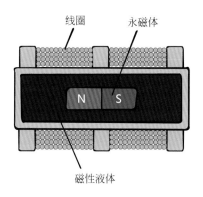

磁性液体倾角传感器原理图

磁性液体倾角传感器以有机玻璃管为"骨架"，两组完全相同的感应线圈均匀地缠绕于该"骨架"两侧且反相串联，用于输出电压差。将永磁体放置在玻璃管中，并注满磁性液体，充当"磁芯"。

由于受到磁性液体二阶浮力，永磁体将悬浮在充满磁性液体的玻璃管中央位置，不与壁面发生接触。当传感器处于水平状态时，两侧自感线圈上的电压相等，输出的电压差为零。当传感器偏离水平状态发生倾斜时，玻璃管内永磁体受重力影响向较低的方向偏移，使得两侧自感线圈电压变得不同，输出电压不为零。在一定范围内，输出电压和玻璃管的倾角大致呈现线性关系，对于不同的倾斜角，存在一个与之相对应的电压差。因此，通过测量电压差便可反算出倾斜角的大小。

加速度信号转电信号

 磁性加速度传感器

　　该传感器可获取由于永磁体速度变化而导致的电信号变化信息。

　　加速度传感器的应用非常广泛，涉及航空、航天、船舶、冶金、机械制造、化工、生物医学工程以及自动检测与计量等多种技术领域，并逐渐进入人们日常生活中。无论是空间航天飞船、深海探测机器人，还是一般电脑硬盘都会有加速度传感器的身影。

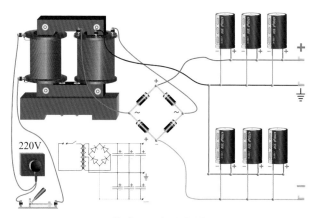

传感器内部的电桥

目前市面上的加速度传感器种类繁多，但普遍存在一些不足，比如有些容易受到温度和湿度等因素干扰，有些在冲击比较大的情况下会出现故障。为满足不同应用环境下的需求，人们不断探索新型的加速度传感器，磁性液体加速度传感器便是其中之一。

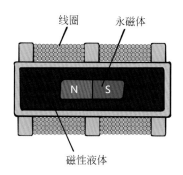

磁性液体加速度传感器原理图

　　磁性液体加速度传感器的结构部件与磁性液体倾角传感器一致。在物体静止或者进行匀速直线运动时，安装在被测物体上的磁性液体加速度传感器的两组自感线圈电感相等，输出电压差为零；当物体具有水平加速度后，永磁体受到惯性作用而偏离其平衡位置，两组自感线圈电感不再相等，输出电压差不为零。对于不同的加速度，都有固定的输出电压与其相对应，因此根据输出电压的大小即可计算出物体的加速度大小。

　　国外的磁性液体加速度传感器应用技术处于领先水平，包括美国和日本在内的很多国家很早就用磁性液体生产各类传感器，并将其运用于航空、航天和其他尖端领域。国内磁性液体加速度传感器研究起步较晚，但有些领域，特别是军事和汽车等领域对于磁性液体加速度传感器需求量较大。部分科研单位相继开展了磁性液体加速度传感器的相关研究。利用磁性液体可以设计出种类更加繁多，结构更加完善，性能更加优越的加速度传感器，这必将带来极大的社会和经济效益。

位置信息转电信号

 磁性位置传感器

该传感器可获取由于位置变化而导致的电信号变化信息。

美国拥有全球定位系统（GPS），俄罗斯拥有格洛纳斯卫星导航系统（GLONASS），欧盟拥有伽利略卫星导航系统（GALILEO），我国有北斗卫星导航系统（BDS）。可见，定位系统对我们来说非常重要。磁性液体作为一种新型的功能材料，在定位方面有着很高的研究价值。

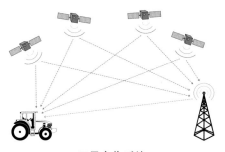

卫星定位系统

值得注意的是，磁性液体能够精准控制悬浮于其中的导磁物质的位置，这是它在定位方面的主要应用。根据磁性液体一阶浮力原理，在非均匀的外磁场作用下，密度比磁性液体大的非导磁块能够悬浮在磁性液体中。当我们把非导磁块换成导磁块时，它依旧能悬浮在磁性液体中。此时，导磁块将受到局部磁性液体所产生的浮力、压力、磁场张力等因素的作用，与磁性液体一起运动。导磁块与磁性液体的运动情况如图所示。

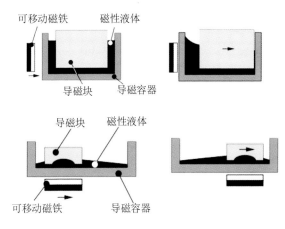

导磁块在磁性液体中运动

运动所需的力是由外部施加的磁场引起的。因此，为了产生确定的可变磁场，应该用可控的电磁线圈取代永久磁铁。为了保证定位系统的负载能力、速度和精度，需要对磁场、导磁块以及磁性液体用量等要素进行综合考量。目前，磁性液体定位系统在机床、工件技术系统中有着广阔的应用前景。

第 6 章 | 奇异的传热特性

由于磁场与温度场关系紧密，因此对磁场尤为敏感的磁性液体在热力学领域有着广泛的应用前景，磁性液体的热力学应用主要基于磁热效应和热磁对流原理。

磁性液体的磁热效应

 磁热效应

磁热效应指的是磁性物质在磁场的作用下温度会升高，磁场移除后温度又会下降。

关于什么是磁热效应，我们可以通过一个小实验来说明。我们将一定量的磁性液体倒入烧杯中，然后插入一支温度计用于测量磁性液体的温度，观察盛有磁性液体的烧杯在有磁场和无磁场环境下的温度变化情况。

我们会发现，当盛有磁性液体的烧杯进入磁场环境中时，温度计的数值上升，即磁性液体的温度升高；当烧杯离开磁场环境时，温度计的数值下降，即磁性液体的温度降低，我们把这种现象叫作磁性液体的磁热效应。同样的，将磁性液体置于磁场中，改变磁场强度的大小也会发生类似的现象。当磁场强度增大时，磁性液体温度升高；磁场强度减小时，磁性液体温度降低。

磁性液体在不同磁场强度下温度不同

绝对零度则是热力学的最低温度，热力学温度的单位是开尔文（K），绝对零度就是零开尔文（约为 −273.15℃）。在此温度下，物体分子没有动能，但仍然存在势能，此时内能为最小值。然而，绝对零度在现实中是无法达到的，它只是理论的下限值。分子的热运动指的是分子之间的无规则运动，它的快慢程度与温度有关。温度越高，分子运动越剧烈、扩散越快。

从微观角度分析，磁热效应的产生与分子的热运动有关。当外界温度不是绝对零度时，分子存在热运动。外加磁场会束缚原子及其电子的振动，导致振动产生的能量无法耗散，使系统温度上升。将磁场撤离后，原子及其电子的振动不再受到抑制，振动所产生的能量会快速耗散，使系统温度下降。

磁铁对纯铁温度的影响

温度的变化总是伴随着能量的迁移。热机的工作就利用了这一原理，它把燃料燃烧时释放的热能转化为可以让机械运转的机械能，并对外做功。当托马斯·爱迪生和尼古拉·特斯拉了解到磁性材料的磁热效应后，提出一种设想：利用磁与热转换过程中放出的热量为机车提供动力。但是由于种种原因，这种尝试没有成功。

托马斯·爱迪生　　　　　　尼古拉·特斯拉

科学家们的设想

　　也有很多科学家将焦点转移到磁热效应表现出的另一种现象上，那就是某些磁性材料移出磁场后整个系统的温度会降低。利用磁热效应可以创造极低的温度，这种方法也是目前获得超低温的有效手段，可以达到大约 0.001 开尔文的低温。除了用于获取超低温环境，磁性液体的磁热效应在生物医学上也有着重要的应用。

　　对癌症治疗方法的研究一直是全世界研究的热点。癌细胞是身体里面的"坏分子"，采用一般药物治疗效果不佳，而化疗等方法往往会误伤到身体里正常细胞，对身体损坏很大。人们研究发现，相较于正常组织的细胞，癌细胞明显更"怕热"。癌组织在超过 41℃ 环境下即开始出现瘀血、出血，甚至凝固坏死现象。而一般情况下，温度上升到 42.5℃ 才达到正常细胞维持生理功能的危险点。

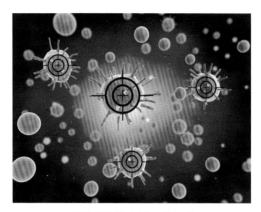

利用磁热效应杀死癌细胞

　　利用癌细胞的这一特点，我们可以通过磁性液体的磁热效应，来铲除癌细胞，治疗癌症。通过精确调节磁场，将磁性液体准确送至癌变区域后，再提高磁场强度，利用磁性液体的磁热效应将癌变区域加热至43℃，以高热杀死癌细胞。癌变区域之外的正常组织，由于不含磁性液体，不受磁热效应的影响，所以温度低于癌变区域。加上这些组织的血液流量大、散热快，因而不会遭到任何伤害。

磁性液体的热磁对流

 热磁对流

> 　　将磁性液体放置在温度和磁场都不均匀的环境中，由于温差的存在，磁性液体的磁化强度存在差异，进而产生受力不平衡现象。温度低处，磁性液体的磁化强度相对高，受磁场的作用力更大；温度高处，磁性液体的磁化强度相对低，受磁场的作用力更小。
>
> 　　在磁场力和流体浮升力的共同作用下，磁性液体会产生流动。我们将这种流动称为磁性液体的热磁对流。

　　热传递的方式有三种，分别是热传导、热对流和热辐射。热传导是热能从温度高的部分向温度低的部分转移的过程，它是一个分子向另一个分子传递振动能的结果。热对流是指由于流体的宏观运动而引起的流体各部分之间发生相对位移，冷热流体相互掺混所引起的热量传递过程。热辐射是一种热量直接通过电磁波向外辐射的热传递方式。在日常生活中，这三种传热方式往往是同时进行的。

　　比如烧热水时，水变热主要是通过热传导和热对流的方式实现的。烧水时，底部靠近热源的那部分水会被先加热，并将热量向上传导，使得上面的水也逐渐变热。同时由于加热后的水密度会变小，所以在浮力的作用下，底部热水会上升，顶部的冷水会下降，进而形成热对流，在热传导和热对流的共同作用下整壶水就变热了。再如，空调的制暖也主要利用了热对流。打开空调后，空调附近的空气先被加热，变得轻盈而上升，周围较重的冷空气往下降，形成热对流，使整个房间逐渐暖和起来。

利用热对流通风

热对流的关键在于，局部温度的上升会导致流体的密度分布改变。在地球上，由于存在地心引力，流体内部受到的作用力会变得不均匀，进而形成热对流。但太

空中没有重力，因此热对流不会自发产生。如果我们仍
需要利用热对流来带走航天器等工作部件产生的热量或
补充宇宙飞船在失重状态下的燃料的话，就必须采用特
殊的材料或方法了。磁性液体的出现为解决类似问题提
供了很好的方案。即使在真空环境下，磁性液体的热磁
对流也能正常进行。

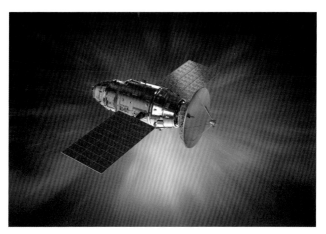

航天器

　　人们发现，某些温度敏感型磁性液体的热磁对流现
象十分明显，原因是其饱和磁化强度会随温度的升高而
显著减小。如果将这种磁性液体放置于外磁场中，并对
其进行局部加热，磁性液体内部的温度分布就会变得不
均匀，从而使磁性液体内部磁力不平衡，驱动磁性液体

做宏观热对流运动。因此，可以通过调节外磁场和温度场，来实现对温度敏感型磁性液体运动的控制。比如，在密闭回路中，如果能同时保持稳定的外磁场和温度场，就能使温度敏感型磁性液体在回路中持续稳定地循环流动，进而形成磁性液体的热磁对流。

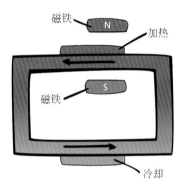

热磁对流原理

由于热磁对流是以温差为驱动条件的，因此有两种特别合适的应用场合：一是通过热对流传递热量，形成冷却回路，应用于散热领域；二是在回路中添加传动部件，将流体的动能转化为机械能，用于驱动机械装置。

1.提高汽车传热效率

在日常生活中，汽车等很多机车的动力源都是依靠

热机（如汽油机或柴油机等）来工作的。所谓热机就是
通过一些热力学循环过程，不断放出热量，并利用这部
分热量来对外界做功的机械。在热力学循环过程中，往
往需要通过机械部件的不停运动（例如压缩流体）来提
供循环的驱动力。受到上面的启发，有研究人员提出，
可以利用磁性液体的磁热效应为这种热力学循环提供
动力。

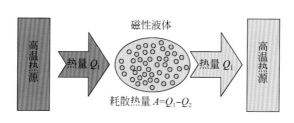

磁性液体热机的工作原理

　　经过长期的研究，研究人员最终利用磁性液体的流
动性，实现了热力学过程循环的过程。在磁场梯度的作
用下，磁性液体受到磁场力的作用，在管道内流动。在
流动循环中，磁性液体会不断地经历进入磁场、离开磁
场的过程。由于磁热效应的作用，磁性液体会不断地吸
收热量和放出热量。再加上外界提供的一些辅助的能量
转换措施，磁性液体放出的热量就可以用来对外界做功，

为机器提供动力了。这种机器的循环效率比普通的热机循环要高很多。

2. 极端环境的冷却

在太空极端环境中，在热磁对流散热系统回路中，当没有机械驱动部件时，磁性液体能靠外部的磁场和内部的温度差异提供动力。流体的运动是由温度差引起的，运动的结果则是减小这种差异，最终达到稳定的状态。稳定运动的流体连续不断地从热端带走热量，在冷端释放热量，而后再次回到热端吸收热量，周而复始，进行能量的自主传递，最终实现散热冷却的目的。

作为一种不需要机械驱动部件就能实现能量自主传递的系统，热磁对流回路具有稳定性好、噪声小、不需维护等优点，又因为其本身以温差作为驱动条件，并通过对流传递热量，所以可作为冷却回路用于散热领域。当然，如果在回路中添加传动部件，也可将流体的动能传输出去并加以利用。

第 7 章 | 忠实的声音"护卫"

 磁性液体声学应用原理

　　声音是通过介质传播的，介质的不同会直接影响声音传播的快慢和质量。在有磁性液体的扬声器中，通过磁场改变磁性液体的固体颗粒分布，可以保证扬声器传播声音的效率、频率、质量，以及避免共振。

　　你是否遇到过这样的现象，在雷雨天气时，总是先看到闪电，然后才听到雷声。这是因为在空气中，光的传播速度约为 30 万千米每秒，而声音的传播速度为 340 米每秒，即光的传播速度远大于声音的传播速度，所以才会先看到闪电后听到雷声。

　　声音的传播需要物质作为媒介，物理学中把这样的物质叫作声的介质，在不同的介质中声音的传播速度存在一定差异。比如，声音在固体（钢铁）中的传播速度约为 5200 米每秒，在水中的传播速度约为 1500 米 / 秒，而在空气中传播速度只有 340 米 / 秒左右。利用这一点，我们可以通过改变的介质形态，来实现对声音传播的控制。

在有磁场和无磁场环境下，磁性液体的形态有着显著差异。将磁性液体作为声音传播的介质时，磁性液体内的固体磁性颗粒会让声波能量降低，使声音衰减。未对磁性液体施加外加磁场时，磁性液体内的固体磁性颗粒是均匀分布的，声音在传播过程中衰减速度各向相同。对磁性液体施加磁场后，磁性液体内的固体磁性颗粒将沿磁场方向定向排列，使得声音衰减的速度随方向而变化，即不同方向衰减速度存在差异。因此我们可以通过磁场来控制声音在磁性液体中的传播特性，即通过改变磁场的强弱和方向，来控制声音传播的速度和方向。

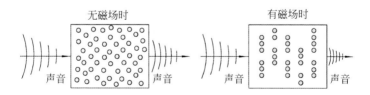

声音在不同形态磁性液体中的传播示意图

磁性液体独特的声音传播特性，以及其他特殊的物理性质，如传热性质、减振特性，使其在扬声器中有着广泛的应用。

扬声器结构图

　　在运行时，扬声器音圈内温度随输入功率增加而升高，由于空气导热率较低，无法及时将音圈附近的热量带走，导致音圈温度过高出现故障，甚至被烧毁。如果向扬声器音圈气隙内通入少量磁性液体，就能有效改善扬声器的散热性能。在磁场的作用下，磁性液体会保持在气隙中进行热量传递，并且由于磁性液体导热率比空气大得多，所以能够显著提升扬声器的散热效果，可以让其功率增加将近一倍。同时，磁性液体被磁极吸附，可以使音圈自动定位，能够避免音圈和磁极之间产生摩擦，从而使扬声器振膜产生平稳的振动。与普通扬声器相比，磁性液体扬声器的功率更高，保真度更好。

导热率

> 材料直接传导热量的能力，也可以称作热传导率。

减震器　普通扬声器　磁性液体扬声器　磁性液体

磁性液体扬声器与普通扬声器的对比

提高可承载的功率

在设计高保真度的扬声器时，如何提升其可承载功率是一个至关重要的问题。扬声器的输出功率与频率有直接关系，而频率特性又与机械强度和耐热能力有关。音圈的热稳定性是决定扬声器能否承受高功率输入的关键因素。

扬声器本质是一种能量转化器，其作用在于将音频信号所输入的电能经过音圈转化为机械能，再经由内部纸盒转化为声能。在整个工作过程中，相当一部分电能被转化为热能，并被音圈所消耗。例如，一台消耗功率100瓦的功放机会输出大约75瓦的音乐功率和25瓦的热量。而当75瓦音乐功率的信号传送到扬声器上时，则几乎所有功率都转化成热量消散在驱动器内，仅有极少部分信号转换成音乐输出。随着输入音频信号电流的增大，音圈上的温度变得很高，甚至会烧断音圈绕线或软化黏胶，使扬声器损坏。

利用磁性液体作为散热介质，可有效解决扬声器的散热问题，从而显著提升其输入功率的承载能力。相关研究结果表明，注入磁性液体，可以使扬声器的功率承受能力提升至少两倍。例如，三洋公司制造的直径30厘米的泡沫金属纸盒低音扬声器，原有功率为50瓦，在注入磁性液体后，功率增至100瓦。

改善低音音质

在信号传输过程中，响应稳定的时间越短越好，即当信号停止，扬声器也随即停止。磁性液体可以显著缩短这一时间。低音单元在高端频响部位会产生一个峰值，而磁性液体能够吸收振动能量，进而抑制这种情况的发生，使副作用减少。在扬声器外膜移动时，磁性液体能减少在音圈里面和周围产生的机械噪声。

声波在空气中传播时，空气的疏密程度会随声波而改变。因此，区域性的压强也会随之改变，此即为声压。声压级是指以对数尺衡量有效声压相对于一个基准值的大小，用分贝（dB）来描述其与基准值的关系。对于1千赫兹（kHz）的声音，人类所能听到的最低声压为20微帕（μPa），通常以此作为声压级的基准值。

音质的改变不仅有听得到的，还有听不到的。当音圈变热时，扬声器的音质就会改变。通常，在以现场的声压级（或更高声压级）播放音乐时，这种改变会在一个扩展的时间周期内出现。由于磁性液体能够避免输出功率被压缩，因此它可以使扬声器发出的声音在整个播放的时间内变得更稳定。

减少频谱污染

在欣赏音乐时，如果我们将音量放大并仔细聆听，就会发现除了那些美妙的旋律，还存在蜂音、嘎嘎声等噪声。而扬声器自身产生的噪声往往倾向于填补音调之间的空间，即使在音调较低的情况下也是这样。那么，如何才能减少噪声，让扬声器发出更加纯净、动听的声音呢？

实验研究表明，磁性液体对扬声器声场中声压级的分布和谐波含量有影响，使用磁性液体可显著降低在扬声器内部产生的噪声水平，减少频谱污染，从而呈现出更加纯净、优美的音乐。

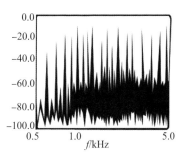 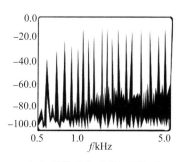

不含磁性液体时的频谱污染　　　含有磁性液体时的频谱污染

降低共振

如果你曾参加过规模宏大的音乐会或演出，那么你肯定体会过大喇叭所带来的震耳欲聋的轰鸣声，仿佛你的内脏都在跟着颤动。其实，这是由于声音共振导致的。

在扬声器中，有一种叫作骨架的元件，其功能是协

演唱会

助音圈线的缠绕和成形。只有当音圈的振动穿过骨架并到达振膜时，才能发出精准的声响。

音圈线是由许多小单元组合而成的，骨架质量的好坏将决定音圈线能否正常发声。当音圈线的骨架遭到破坏或损毁时，可能会导致音圈线的断裂和脱落。此外，音圈与骨架之间出现的空隙也可能使振动无法传递到振膜。当骨架发生共振时，会在振膜上形成不协调的噪声，从而影响扬声器的整体性能。

在扬声器工作过程中，往往需要不断地使振膜与磁路之间产生相互作用，使振动能量向相反方向转移，这种传递方式就是共振。若不采取措施遏制此共振现象，扬声器的音质就将大幅度降低，甚至可能被彻底扭曲。当我们向扬声器中注入少量磁性液体时，它能够有效地抑制骨架的共振现象，从而降低噪声，使其最终发挥应有的功效。

改善失真

当扬声器发出的声音与真实的音频存在差异时，意味着声音出现了失真现象，失真现象在很多情况下都会发生。

一般情况下，扬声器在磁隙中磁通的分布很不均匀，这样对音圈的推动力就不平衡，从而造成了频率的失真。在磁性液体存在的情况，扬声器磁隙中可形成较均匀的磁通分布。同时，磁性液体还能使音圈与夹板，以及夹板与夹板之间保持一定距离，避免了音圈与永磁体之间的摩擦。尤其在大功率场合，磁性液体能平衡扬声器振动纸盒的工作状态，从而消除失真现象。

第 8 章｜艺术的点睛之笔

　　磁性液体不仅在工业生产和日常生活中得到了广泛应用，在艺术领域也发挥了独特的作用。

　　雕塑是一种造型艺术，又可称为雕像，是以物质材料和特定手法制作的三维空间形象。这种艺术形象一般通过雕（减除材料来造型）和塑（叠加材料来造型）的方式，在固体材料上创作。它是一种空间可视、可触摸的艺术形象，通常用来反映社会生活，体现时代精神和文化特点，表达艺术家的审美感受和审美理想。

儿童雕塑

　　传统的观念认为，雕塑是静态的、可视的、可触的三维体。不仅如此，大多数人还认为所谓雕塑艺术品，都是固体材料制作的，正如那些传统的雕塑类型——泥塑、木雕、石雕和玉雕。

　　然而，随着纳米科技的发展，纳米液体功能材料的出现，雕塑艺术不但突破了三维的、视觉的、静态的形式，而且出现了液态的雕塑。这是一种动态的、随时间改变的艺术作品，也就是磁性液体艺术雕塑。

液体雕塑

磁性液体艺术雕塑

　　传统的艺术雕塑作品所用材料均属于固体材料，而磁性液体作为一种新型的功能材料，兼具固体磁性材料的磁性和液体的流动特性。在外磁场作用下，磁性液体中的磁性颗粒、表面活性剂和载液不会分离，而是沿着磁场力大的方向整体移动，表现出良好的可塑性。

在很早以前，研究人员就意识到了磁性液体的潜力，并试图生产出一种稳定的铁磁悬浮液体，但直到 20 世纪 60 年代初，这个愿望才由美国航空航天局实现。研究人员将它用作宇航服的密封材料，并获得了成功。近年来，随着纳米液体功能材料研究的不断深化和信息科技的迅速发展，艺术雕塑作品也从静态转变为动态。

磁铁吸引磁性液体

日本、美国的一些材料研究人员还将纳米磁性液体的应用拓展到建筑艺术雕塑方面。在将磁性液体和雕塑结合的过程中，需要大量的物理知识和工艺技术。从材料的选择、作品的运行时间到磁性液体最终加热、冷却的时间，每个环节都不能出错。将纳米磁性液体置于磁场变化的平台上，可突破传统的、静态的雕塑形式，展现出神奇的、动态的，随磁场环境信息变化的艺术雕塑品。从静态雕塑到动态雕塑的转变，使人们可以从不同的层面上认识世界，使用更现代的手段去表现世界。

磁性液体雕塑工具

传统的雕塑艺术，是艺术家们使用雕塑刀、石锤、石雕凿、木雕刀、锉刀等工具，在各种可塑材料（如石膏、树脂、黏土等）或可雕、可刻的硬质材料（如木材、石头、金属、玉块、玛瑙等）上，通过自己的双手塑造、雕刻而成的。

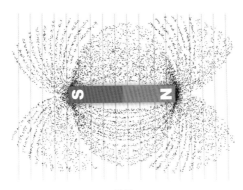

磁场

而磁性液体雕塑却不需要使用这些摸得着、看得见的工具，它是由永磁体或电磁铁产生的摸不着、看不见的磁场对磁性液体进行雕塑的。

设计不同的磁场，就可以雕塑出不同的液体艺术形态。恒定的磁场使磁性液体呈现固定的形态；而在变化的磁场中，磁性液体可随时间变化形态，展现动态的美。动态雕塑与传统雕塑有极大的不同，它充满灵性，能够跳脱出机械式的固态结构，就像被注入了生命力一样，在各种形态之间不断地转换、变化。

随着纳米科技、传感技术、计算机技术的发展，人们还可以通过声音等环境变量来改变磁性液体雕塑的形态。就像传统固体雕塑离不开雕塑工具一样，崭新的液体雕塑也离不开磁场。磁场是磁性液体雕塑的工具，不同的液体形态由不同的磁场雕塑而成。

磁性液体雕塑形态

通过上述的介绍，我们已经知道，在磁场的作用下，磁性液体会产生磁响应，从外观上看，就是形成了很多凸起。那么，在不同方向和强度的磁场作用下，磁性液体会表现出哪些不同的现象呢？下面让我们通过一个小小的实验来说明。

实验台上有两个电磁铁、一个时间继电器、一个电源和一小瓶磁性液体。首先，用吸管将磁性液体从瓶中吸出，并滴入蒸发皿（一种可用于蒸发浓缩溶液的器皿）中。然后，将两个电磁铁分别放置在中心板的上下两面，并使二者同极相对，磁场强度的增强或减弱由两块电磁铁独立控制。这时我们就能观察到，在两个电磁铁产生的磁场范围内，蒸发皿上的磁性液体能够随着电磁铁磁场强弱的改变而呈现出不同形状的变化。

其中，继电器也称电驿，是一种电子控制器件，它具有控制系统（又称输入回路）和被控制系统（又称输出回路），通常可应用于自动控制电路中。它实际上是用较小的电流去控制较大电流的一种"自动开关"，所以能在电路中起到自动调节、安全保护、转换电路等作用。

时间继电器则是指当加入或去掉输入的动作信号后，其输出回路需经过规定的准确时间才产生跳跃式变化或触头动作的一种继电器。它是一种使用在较低的电压或较小电流的电路上，用来接通或切断较高电压、较大电流电路的电气元件。

不同形态的磁性液体

　　将磁性液体放置在上下两个电磁铁的磁极之间。当电流等于零时，相当于没有磁场。此时，磁性液体的表面在板上看起来很平坦，纳米磁性颗粒均匀分布。

　　当下方的电磁铁产生磁场时，即逐渐改变下方电磁铁的电流强度，一些凸起也逐渐出现在磁性液体的表面。

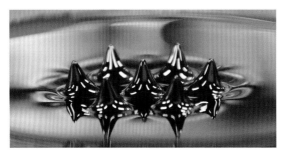

磁性液体小凸起

随着电流逐渐增加，磁场强度逐渐增加，磁性液体表面小凸起的数量也逐渐增加，直到变成一个带有尖峰的半球，形态就像一个浮在海面上的海胆。

海胆　　　　　　　　　磁性液体"海胆"

当改变上方电磁铁的电流时，上方电磁铁产生的磁场开始对磁性液体进行雕塑。使上下两个电磁铁的同极相对，产生的凸起相互排斥，相互抵消。当增强上方电磁铁的磁场强度时，尖峰半球向外扩展，变化成中央射线。

磁性液体中央射线

当下方电磁铁的磁场强度减弱时，中央射线将消失，磁性液体呈现凹圈形状。由于磁力的作用，磁性液体的表面张力变强，收缩加大，磁性液体的表面被雕塑得更加平滑。

 表面张力

表面张力是一种物理效应，它使液体的表面总是试图获得最小的、光滑的面积，就好像它是一层弹性的薄膜一样。

磁性液体呈凹圈形状

当改变上下电磁铁其中一个的电流方向时，我们会看到磁性液体像山峰一样从液体表面缓缓升起。增大位于上方的电磁铁的磁场强度，我们会看到一座最高的"山峰"渐渐形成，位于"群山"中央。

磁性液体形成最大的凸起

继续增大上方电磁铁的磁场强度，磁性液体表面的"山峰"在磁场的雕塑下不断增多，位于中央的"山峰"继续生长，并开始向上面的电磁铁靠近，我们将看到磁性液体神奇地从下往上运动。

磁性液体由下向上运动

此外，我们还可以在有磁场作用的磁性液体中放置一个直立的金属螺旋体。当音乐奏响时，螺旋体周围的磁场增强，磁性液体尖峰由下向上移动，并且围绕着螺旋体的边缘旋转，就像"一股黑色的龙卷风随着音乐翩翩起舞"。磁性液体随音乐而动，就好像在呼吸，而且它的表面变化复杂，有时像喇叭，有时像杉树，有时甚至像巴别塔，非常精美。

当磁性液体中放置了金属螺旋体时，可使之形成塔状结构

参考文献

1. 李德才. 磁性液体理论及应用 [M]. 北京：科学出版社，2003: 147-151.

2. 李德才. 磁性液体密封的理论及应用 [M]. 北京：科学出版社，2010: 112-113.

3. 李德才，洪建平，杨庆新. 干式罗茨真空泵磁流体密封的研究 [J]. 真空科学与技术，2002，22(4): 317-320.

4. Li D C，Xu H P，et al.Mechanism of magnetic liquid flowing in the magnetic liquid seal gap of reciprocating shaft[J]. Journal of magnetism and magnetic materials，2005，289: 407-410.

5. 李德才，董国君. 磁性流体及其在润滑、密封、阻尼中的应用 [J]. 化学工程师，1995(2): 11-14.

6. Li D C，Xu H P，et al.Theoretical and experimental study on the magnetic fluid seal of reciprocating shaft[J]. Journal of magnetism and magnetic materials，2005，289: 399-402.

7. 于文娟，李德才，李艳文，张志力，董珈皓. 真空镀膜机用小型磁性液体密封设计 [J]. 北京交通大学学报，2021，45(5): 124-129.

8. 蔡玉强，李德才，任旦元. 罗茨鼓风机磁性液体密封的研究 [J]. 真空科学与技术学报，2015，35(7): 897-901.

9. 李德才. 磁性液体往复密封的理论及应用研究 [D]. 北京：北方交通大学，1995.

10. 李德才，杨文明. 大直径大间隙磁性液体静密封的实验研究 [J]. 兵工学报，2010(3): 355-359.

11. 陈燕，李德才. 坦克周视镜磁性液体密封的设计与实验研究 [J]. 兵工学报，2011，32(11): 1428-1432.

12. 钱晨，李德才，赵晓光. 磁性液体在生物医学领域中的应用研究 [J]. 材料导报网刊，2009，4(2): 9-11.

13. 刘丁雷，李德才. 磁流变液的发展及应用 [J]. 新技术新工艺，1999(6): 14-15.

14. 杨文明，李德才，冯振华. 磁性液体阻尼减振器的实验研究 [J]. 振动与冲击，2012，31(9): 144-148.

15. 谢君，李德才，张志力. 基于磁性液体粘度的水平磁性液体微压差传感器动态响应特性研究 [J]. 传感技术学报，2020，33(11): 1544-1551.

16. 郝瑞参，李德才，刘华刚，龚雯.压差传感器用磁性液体的制备及特性分析 [J].机械工程师，2014(7): 29-31.

17. Raj K，Moskowitz B，Casciari R.Advances in ferrofluid technology[J].Journal of magnetism and magnetic materials，1995，149(1): 174-180.

18. Scholten P C.The origin of magnetic birefringence and dichroism in magnetic fluids [J].IEEE Transactions on magnetics，1980，16(2): 221-225.

19. Popa N C，Potencz I，Anton I，et al.Magnetic liquid sensor for very low gas flow rate with magnetic flow adjusting possibility[J].Sensors and Actuators A: Physical，1997，59(1): 307-310.

20. Stefan Odenbach.Colloidal Magnetic Fluids: Basics，Development and Application of Ferrofluids[M]. Berlin: Springer，2009: 359-427.

21. 张杉，迟宗涛，孙文轩.磁流体的光特性及其在光纤领域中的应用 [J].青岛大学学报 (工程技术版)，2021，36(3): 65-74.

22. Luo L F，Pu S L，et al.Reflective all-fiber magnetic

field sensor based on microfiber and magnetic fluid[J].Optics Express，2015，23(14): 18133-18142.

23. 李强，宣益民，李锐. 非均匀磁场中磁流体热磁对流的实验研究 [J]. 工程热物理学报，2006，27(4): 676-678.

24. 尹荔松，沈辉，张进修. 磁性液体的特性及其在选矿中的应用 [J]. 矿冶工程，2002，22(3): 51-53.

25. 邓隐北. 磁流体轴承在电动机中的应用 [J]. 机电工程，1993(4): 44-45.

26. 洪若瑜. 磁性纳米粒和磁性流体制备与应用 [M]. 北京：化学工业出版社，2008: 232-235.

27. 喻峻. 磁性液体悬浮特性及其在惯性传感器的应用研究 [D]. 北京：北京交通大学，2020.

28. 苏树强. 一种新型磁性液体惯性传感器的理论及实验研究 [D]. 北京：北京交通大学，2016.

29. 谢君. 水平磁性液体微压差传感器的理论及实验研究 [D]. 北京：北京交通大学，2016.

30. 韩世达，崔红超，张志力，李德才. 磁性液体制备方法及几类特种磁性液体简介 [J]. 功能材料，2021，52(10): 10061-10068.